BIBLIOTHÈQUE
DES MERVEILLES

PUBLIÉE SOUS LA DIRECTION

DE M. ÉDOUARD CHARTON

———

LA HOUILLE

OUVRAGES DU MÊME AUTEUR

L'EAU. Deuxième édition. 1 vol. in-12 illustré. L. Hachette, 1868.

EN COLLABORATION AVEC M. P.-P. DEHÉRAIN

ÉLÉMENTS DE CHIMIE. 4 vol. in-12. L. Hachette, 1868.

EN COLLABORATION
AVEC MM. J. GLAISHER, C. FLAMMARION ET W. DE FONVIELLE

VOYAGES AÉRIENS. 1 vol. grand in-8 illustré de 117 gravures et de 6 planches coloriées. L. Hachette, 1869.

PARIS. — IMP. SIMON RAÇON ET COMP., RUE D'ERFURTH, 1.

Fig. 1. Une forêt antédiluvienne.

BIBLIOTHÈQUE DES MERVEILLES

LA HOUILLE

PAR

GASTON TISSANDIER

PROFESSEUR DE CHIMIE A L'ASSOCIATION POLYTECHNIQUE
DIRECTEUR
DU LABORATOIRE DE L'UNION NATIONALE

> L'avenir est au pays qui produira le
> plus de houille.
>
> ROBERT PEEL.

OUVRAGE ILLUSTRÉ DE 66 VIGNETTES
PAR A. JAHANDIER, A. MARIE ET A. TISSANDIER

PARIS

LIBRAIRIE DE L. HACHETTE ET Cⁱᵉ

BOULEVARD SAINT-GERMAIN, N° 77

1869

A

M. LE BARON LARREY

DE L'INSTITUT

Hommage de respectueuse affection.

INTRODUCTION

—

Il y a environ deux mille ans, Théophraste, le célèbre contemporain d'Alexandre, signala pour la première fois la houille, dans son *Traité des pierres* : « C'est, dit-il, une matière terreuse qui brûle comme du charbon ; on la trouve en Ligurie et en Élide, sur la route d'Olympie, au delà des montagnes ; elle est parfois utilisée par les forgerons. ».

On voit, par cette description laconique, que l'ancien géologue était loin de supposer qu'une science future devait faire de cette « matière terreuse » la base de toute industrie. Il ne se doutait guère que mille richesses sont cachées dans les gisements houillers, et s'y trouvent, pour ainsi

dire, à l'état latent, comme la statue existe vir-
tuellement dans la carrière de marbre ! — Que dirait aujourd'hui l'élève d'Aristote, s'il voyait les
mines de Newcastle expédier jusqu'aux plus lointains rivages le charbon noirâtre, et en charger à
la fois trois cents navires, que soulève un même
flot de marée? Ne serait-il pas saisi de vertige, si
on lui apprenait que 22,000 kilomètres de voies
ferrées, en France, s'alimentent chaque jour de
plus de quatre millions de kilogrammes de charbon
de terre, et que Londres en brûle quelquefois, dans
un seul mois, le chargement de huit cents vaisseaux? Quelques lignes lui suffisaient alors pour
faire l'histoire de la houille, aujourd'hui il n'aurait pas assez d'une encyclopédie pour énumérer
les nombreux usages d'une substance qui fait la
force et la prospérité des nations.

Semez du charbon de terre sur un pays, il y
poussera des usines, qui prospéreront sous le règne
du travail; et le nouvel agent de fertilisation deviendra l'élément indispensable d'une existence
sociale, la base de la richesse d'un peuple et l'aliment de son industrie!

La houille anime et fait agir cet infatigable ouvrier de fer, qui s'appelle la machine à vapeur, et

qui exécute dans nos manufactures, avec une précision que rien n'égale, les travaux les plus puissants comme les œuvres les plus délicates. Elle
donne la vie à ces vaisseaux immenses qui par-
courent, en moins de dix jours, l'énorme distance
qui sépare Liverpool de New-York ; elle fait glisser
sur les rails de fer la locomotive, avant-coureur
du progrès, qui entraîne à sa suite la civilisation
jusqu'au fond des prairies de l'Amérique ou des
steppes de l'Inde. Dans les hauts fourneaux et
dans les usines métallurgiques, c'est la houille
qui réduit les oxydes naturels, et qui d'un minerai
sans valeur, fait un précieux métal ; dans nos
foyers, c'est encore ce noir combustible qui nous
réchauffe et nous préserve des intempéries des
saisons. Quand le soleil a éteint ses feux, quand
l'astre qui nous éclaire a disparu sous l'horizon,
c'est la houille qui nous illumine et qui, sous forme
d'un gaz combustible, jette mille rayons lumineux
sur nos cités. Véritable Protée, elle prend toutes
les formes, et comme les fées des contes fantastiques, elle affecte toutes les apparences : sels ammoniacaux, qui enrichissent les cultures ; matières
colorantes, qui font de la soie et des étoffes les plus
belles parures ; médicaments et poudres de guerre

sont les déguisements subtils de cette étonnante substance!

Cette matière si précieuse ne devrait être désignée ni sous le nom de houille, ni sous celui de charbon de terre ; il faudrait l'appeler, comme le font les Anglais, LE DIAMANT NOIR, car elle est une inépuisable source de richesse et de fécondité. Jamais rivière de diamants ou parure d'émeraude n'a valu l'humble charbon qui brûle dans nos foyers. C'est à peine si le prix d'un kilogramme d'or double par l'échange, tandis que la valeur de la houille est décuplée par ses métamorphoses. Une tonne de charbon produit, pendant une journée, le travail de dix chevaux vapeurs, elle vivifie tout sur son passage. C'est l'exploitation des gîtes carbonifères qui a créé la pompe à vapeur, et c'est elle qui nécessite aujourd'hui la construction de nos plus puissantes machines. Les chemins de fer sont nés dans les mines, et l'art de la métallurgie n'a progressé que parallèlement aux développements de l'industrie houillère. Les économistes savent bien d'ailleurs que les mines de charbon l'emporteront toujours, dans la balance des productions, sur les placers d'or de la Californie !

Considérant d'abord les gisements de la houille, nous verrons comment la géologie a pu faire revivre les forêts d'un autre âge, reconstituer sur leurs débris les végétaux puissants qui ont donné naissance au noir combustible. Faisant le bilan des richesses du monde, nous verrons où le charbon de terre abonde et où il fait défaut; nous l'exploiterons dans les entrailles du sol, et suivant pas à pas le mineur dans les galeries souterraines, nous prendrons part à ses luttes de tous les instants. Plus loin, nous examinerons quels sont les usages du charbon fossile; nous assisterons à la formation du gaz de l'éclairage et au traitement des résidus de sa fabrication. Matières colorantes, acide phénique, poudres de guerre, s'échapperont du noir goudron, avec une infinité d'autres produits utiles. Pour terminer, enfin, nous parlerons du pétrole, ce charbon liquide que l'Amérique exploite aujourd'hui sur une si vaste échelle, et, jetant un coup d'œil sur l'avenir, nous nous demanderons quand les mines de houille, où les hommes puisent avec tant d'activité, l'aliment de leur industrie, seront appelées à s'épuiser, et comment nos arrière-petits-fils pourront remplacer le noir combustible.

L'histoire de la houille, est un bel exemple des
transformations de la matière, qui, sous le jeu
complexe de réactions chimiques, se métamorphose à l'infini ; c'est. l'affirmation du génie de
l'homme, qui, d'un résidu sans valeur, fait la
source de toute fécondité.; c'est une page prise au
hasard dans l'étonnante épopée de l'industrie moderne, et ce sujet, rempli de faits étonnants, de
problèmes résolus, de difficultés vaincues, devait
prendre place dans le cadre étendu de la *Bibliothèque des Merveilles*. Quoi de plus merveilleux,
en effet, que les transmutations multiples du noir
minéral !

Que d'alchimistes, au moyen âge, ont vainement prodigué toute une longue existence de veilles
et de fatigues pour transformer le plomb et l'étain
en or et en argent ; que d'adeptes de l'art sacré ont
vainement chauffé du mercure et du soufre pour
opérer la sublime transmutation ; que de philosophes hermétiques ont soufflé un fourneau, quel-
fois leur vie durant, pour mourir tristement,
ignorés de tous, alors que la misère mettait un
terme à leur rêve doré !

Ils ignoraient que, sans chercher si longtemps
et si loin, la science devait un jour rencontrer

de tous côtés la vraie pierre philosophale; ils étaient loin de supposer qu'un simple morceau de houille serait une inépuisable source de richesses, et plus d'un pauvre souffleur a peut-être alimenté son fourneau de charbon de terre sans se douter qu'il n'avait qu'à ramasser son combustible pour trouver la fortune!

G. T.

LA HOUILLE

CHAPITRE I

LES FORÊTS ANTÉDILUVIENNES

Les débris d'un monde disparu. — Les empreintes et les végétaux
de la houille. — Aspect de la terre pendant cette période géolo-
gique. — Absence d'animaux terrestres. — L'atmosphère.

C'est au milieu de révolutions nombreuses
que le globe terrestre s'est lentement formé ;
pour arriver à son état actuel, il a traversé une
longue suite de modifications. Il en est à peu
près de la terre comme des sociétés qui ne con-
quièrent une stabilité durable qu'au prix de
grandes épreuves. C'est dans la douleur que s'accomplit l'enfantement des faits comme l'enfantement des choses, et c'est pendant des déchire-
ments volcaniques et des bouleversements géologiques que s'est constitué le sol, aujourd'hui le

1

théâtre des événements humains. Tout périt et tout change, tout se métamorphose, tout meurt et tout naît; la matière, circulant en quelque sorte dans un cycle éternel, revêt à travers les siècles les formes les plus variées.

Le morceau de houille dont nous entreprenons l'histoire, avant d'être charbon, a été arbre, avant d'être inerte, a vécu : ses rameaux verdoyants ont longtemps palpité sous l'ardeur puissante des rayons solaires.

Bien avant l'apparition des hommes sur la scène du monde, la terre était couverte de végétaux et d'épaisses forêts qui ont lentement grandi, pendant des siècles; aujourd'hui demeure des hommes, notre planète était autrefois le domaine des plantes. Quelque luxuriante qu'ait été la végétation de ces époques reculées, quelque puissantes qu'aient été ces forêts primitives, après une longue période de prospérité, elles ont peu à peu disparu à travers les âges. — Il n'est pas de règne, si glorieux qu'il soit, qui n'ait une durée limitée. — Les arbres superbes sont tombés, les plantes robustes sont mortes, et le décor a changé sur tout le théâtre de la terre.

Mais l'empire végétal n'a pas disparu de la scène du monde sans y semer des débris abondants; Ninive et Babylone affirment encore aujourd'hui leur splendeur passée, par les chapiteaux, les pierres et les colonnes confusément amassées sur

Fig. 2. — Végétaux de la période houillère.

leur tombeau ; la végétation houillère a de même laissé des témoins de sa puissance.

Ces débris du règne végétal anéanti, ces ruines des forêts antédiluviennes se retrouvent dans toutes les parties du monde ; ce sont les gigantesques amas noirâtres que nous appelons charbon de terre. Les mines de houille sont formées des milliers de cadavres de végétaux formidables, lentement carbonisés à travers les âges ; et il est permis au poëte de les considérer comme l'ossuaire gigantesque de tout un peuple de plantes et d'arbres immenses.

Il est certain que la houille est le résultat de la décomposition de végétaux qui ont étendu leur verdure, pendant une longue période, à la surface des continents. Quand on parcourt les galeries souterraines creusées dans les gisements de charbon de terre, il n'est pas rare d'y rencontrer des débris de plantes nettement conservés, des empreintes de feuilles et de fougères, des troncs même encore debout dans l'amas de charbon. Aux mines de Treuille à Saint-Étienne, des troncs fossiles sont gravés dans le gisement du noir combustible ; on les trouve debout dans leur tombeau, à la place qui les a vus naître. Carbonisés, inertes et sans vie, ils ont l'élégance de l'individu vivant. Ces cadavres se dressent avec majesté, comme au jour où, pleins de séve et de

vie, ils aspiraient à la lumière solaire. Il est probable que le sol où s'enfonçaient leurs racines

Fig. 5. — Débris d'arbres fossiles dans les mines de Treuille.

s'est lentement affaissé, et des nappes d'eau les
ont peu à peu engloutis dans leur sein; puis la terre

les a ensevelis, mais les troncs toujours debout
n'ont jamais perdu leur station verticale. « Dans la
houille de Parkfield-Colliery, dit l'illustre géologue
anglais Lyell, dans le Straffordshire méridional, on
a mis à découvert en 1854, sur une surface de

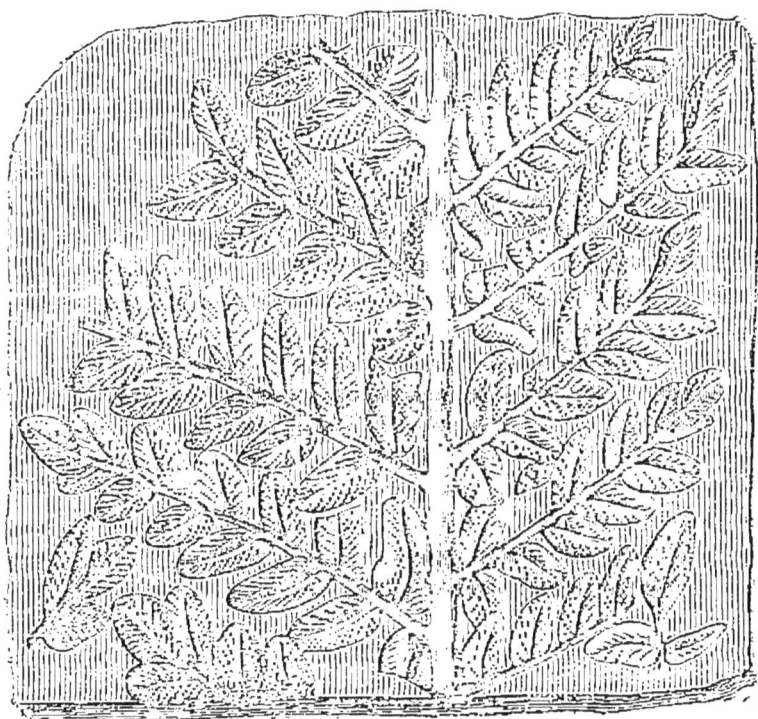

Fig. 4. — Nevropteris heterophylla.

quelques centaines de mètres, une couche de
houille qui a fourni plus de soixante-treize troncs
d'arbres garnis encore de leurs racines. » Quelques-uns de ces troncs gigantesques avaient trois
mètres de circonférence: ils s'étendaient sur une
couche d'argile au-dessous de laquelle on rencon-

trait les débris d'une autre forêt. Au-dessous de
celle-ci, d'autres arbres existaient encore en
grande abondance. Étrange agglomération, entas-
sement formidable et majestueux ; des forêts superposées aux forêts, des arbres sur des arbres,
donnent naissance à ces mines gigantesques qui
nous frappent par leur grandeur et leur étendue
merveilleuse !

Dans les cinq parties du monde, dans toutes les
régions de la terre, en Europe comme en Australie, en Amérique comme dans les Indes, le mineur
qui creuse l'épiderme terrestre trouve abondamment la houille, et le géologue qui l'étudie ob-
serve ces empreintes, ces débris, qui attestent la
splendeur d'une vie surabondante et luxuriante.

Là, ce sont des fougères aux branches ramifiées, ici des calamites aux tiges aplaties, plus
loin des fruits primitifs, des feuilles dentelées
comme une fine mousseline, ou compactes comme
celles d'un végétal grossier.

Les empreintes des fougères nous présentent
des *pecopteris* dont les folioles, peu détachées du
pédicule, se réunissent quelquefois en une seule
feuille profondément découpée, des *nevropteris*
parmi lesquels on rencontre souvent une variété
assez fréquente dans les fossiles de la houille (fig. 4
et 5), des *odontopteris* aux feuilles plus larges et plus
rapprochées (fig. 6), des *calamites* qui offrent l'as-

pect de nos fougères, des *lycopodes* et des *lépido-dendrons*. Les *astérophyllites* sont des végétaux fossiles assez abondants (fig. 7). Il en est encore de même de certains palmiers aux feuilles redressées (fig. 8).

Dans les schistes houillers, il n'est pas rare de rencontrer les débris de poissons qui peuplaient les mers de ces âges reculés, et quelquefois même on trouve l'empreinte complète d'un poisson qu'il est facile de définir et d'étudier, tant son squelette est nettement gravé sur la pierre fossile. On a trouvé quelquefois certains restes de reptiles qui vivaient sans doute dans les eaux troubles et fangeuses des rivages, enfin d'abondants débris de coprolithes ou excréments de ces animaux. Ces excréments servent actuellement à la confection des engrais, et ils concourent à la fertilité du sol moderne. Parmi les empreintes de reptile amphibie de la période houillère, les plus remarquables que nous puissions citer sont celles de l'*archegosaurus*, trouvées en 1847, dans le bassin houiller de Saarbruck, près de Strasbourg. Les ouvriers qui mirent la main sur cet échan-

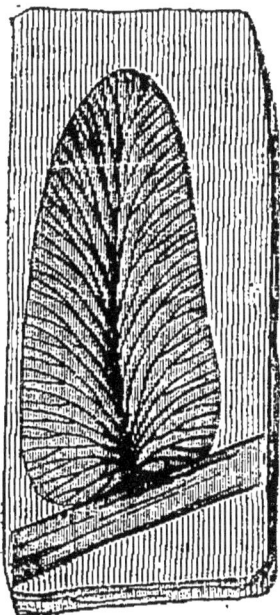

Fig. 5. — Détail d'une feuille de nevropteris.

tillon furent frappés d'une véritable stupeur, et on eut toutes les peines du monde à les persuader qu'ils n'avaient pas déterré quelque géant fabuleux, enfoui dans le sol depuis les mystérieuses périodes du moyen âge.

L'échantillon que nous mentionnons est un des plus étonnants dont se soient enrichies les collections modernes ; aussi l'avons-nous représenté en totalité dans la figure 9, en donnant plus loin les détails de la tête (fig. 10).

La découverte des palmiers dans le charbon fossile a principalement surpris les naturalistes, car ces arbres devaient vivre anciennement avec le pin dont les débris se trouvent aussi dans la houille ; aujourd'hui ces deux espèces semblent se fuir. — C'est toujours un fait étonnant de voir ensemble des pins, arbres du Nord, avec des palmiers, rejetons des tropiques ; et Colomb ne manqua pas d'être frappé de ce fait, quand il débarqua en Amérique ; il écrit à Ferdinand le Catholique, avec étonnement, que « l'on trouve des palmiers et des pins dans le pays nouvellement découvert. » Ce qui se présente par exception sur la terre actuelle était presque une généralité à l'époque houillère.

Les palmiers de la période houillère avaient de grandes analogies avec ceux qui couvrent encore aujourd'hui le sol des régions tropicales. La figure 8, qui est une reproduction très-exacte d'un bel échantillon trouvé dans le terrain tertiaire de la Somme, pourra venir à l'appui de notre affirmation.

Parmi les débris d'êtres vivants que l'on rencontre dans les terrains contemporains de la houille, dans les schistes et dans les grès, on peut encore mentionner des écailles de poissons, ou des

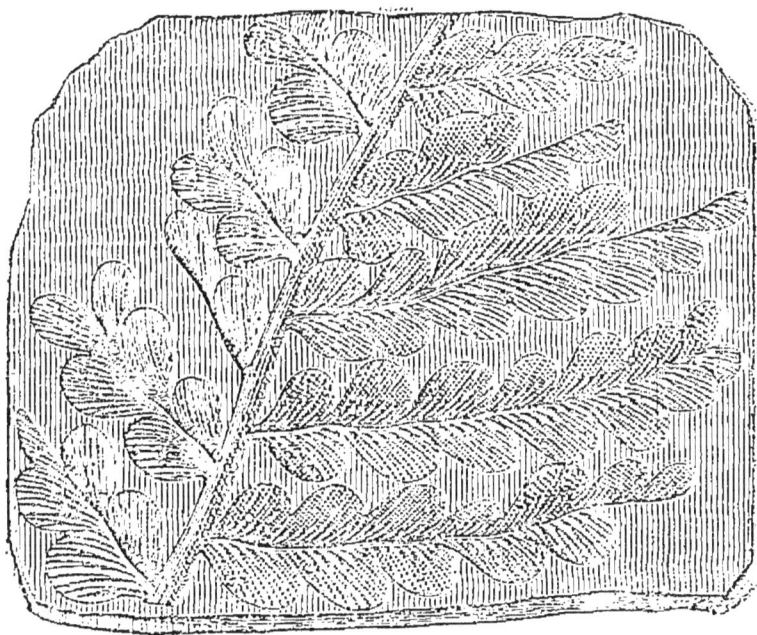

Fig. 6. — Odontoptéris.

vertèbres nettement conservées dans la pierre ; il n'est pas rare, dans les belles collections géologiques, telles que celles du Muséum ou de l'École des Mines, de rencontrer de beaux échantillons d'empreintes de poissons très-nettement gravées sur les schistes ou les grès houillers ; des restes de reptiles qui trouvaient sans doute leur vie

dans les estuaires ; on a même découvert dans
des schistes, aux États-Unis, des empreintes de
pattes d'animaux moulées sur une argile tendre,
jusqu'à des gouttes de pluie, ou bien encore la
trace capricieuse des ondulations des vagues de
ces âges disparus ; trace si fugace, restée indé-
lébile à travers les siècles !

Les empreintes de fougères sont les plus abondantes, et le nombre de leurs variétés est considérable ; c'est toute une flore abondante et complexe que celle de la houille, et le botaniste
énumère difficilement toutes les espèces qu'il rencontre dans les entrailles du sol. Spectacle étonnant que celui de ces débris, encore conservés jusqu'à nous !

Nous n'en finirions pas s'il fallait énumérer la
liste des fossiles que le géologue peut rencontrer
dans le terrain houiller.... Il nous suffira d'avoir
mentionné quelques types caractéristiques donnant une idée des débris formidables abandonnés dans l'écorce terrestre par un monde disparu.
Si les plantes sont abondantes, si la flore est riche
et multiple, les coquillages ne sont pas moins
nombreux et se comptent par milliers. Quelques
espèces offrent de grandes analogies avec celles
qui règnent encore à la surface des continents.
Pour n'en citer qu'un exemple, mentionnons les
étoiles de mer fossiles que l'on trouve assez fréquemment dans des rognons de fer carbonaté

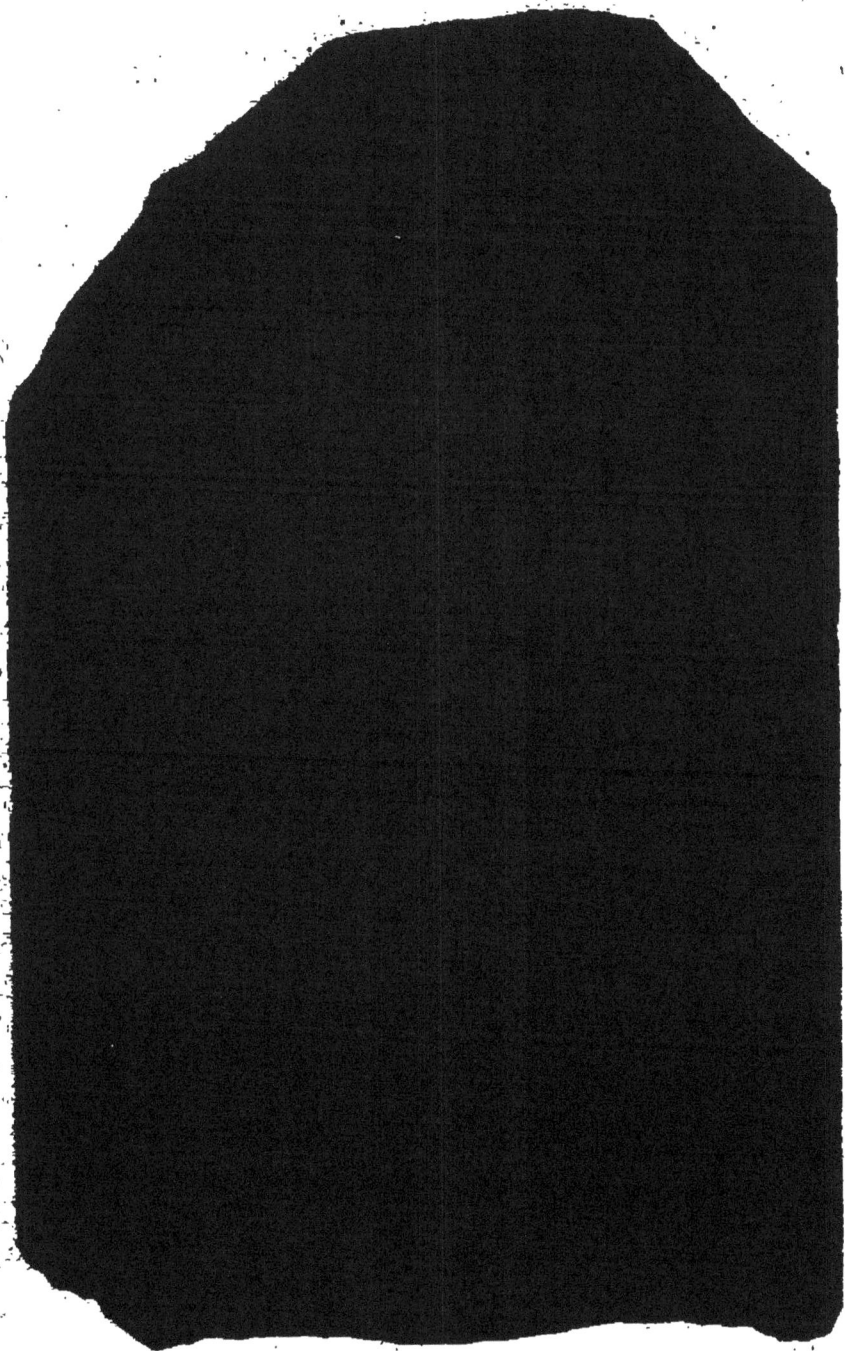

Fig. 7. — Astérophyllites.

contemporains de la période houillère, et qui,
quoique âgées de plusieurs milliers de siècles,
paraissent avoir été recueillies sur nos rivages
modernes (fig. 11).

Presque tous les grands phénomènes géologiques qui ont déterminé la formation de l'écorce
terrestre se manifestent encore lentement sous
nos yeux pendant l'époque actuelle. C'est ainsi
que les perturbations mécaniques, qui ont rejeté
les eaux bien loin de leurs rivages, sont encore
représentées de nos jours par les soulèvements du
sol et par l'effort des volcans ou des tremblements
de terre ; c'est ainsi que la lente génération des
roches s'effectue sous nos yeux, par le dépôt des cours d'eau et des mers; mais tous ces
phénomènes modernes n'ont plus la puissance
d'action des phénomènes anciens, c'est un mouvement ralenti, un effet atténué et comme une
lointaine réminiscence.

La formation de la tourbe, qui prend naissance
sous nos yeux même, a sans doute de grandes
analogies avec la formation de la houille, et son
étude peut nous donner quelques aperçus précieux sur la création des immenses gîtes carbonifères où puise aujourd'hui l'industrie moderne

La plupart des tourbières se trouvent dans des
plaines basses où les eaux ne peuvent s'écouler
que difficilement, et où elles ne présentent géné-

ralement qu'une très-faible profondeur. Telles
sont les vastes tourbières des bassins de la Somme,
de la Seine et de la Loire. Quelquefois le phénomène du tourbage se produit sur des pentes que
couvrent des plantes abondantes, basses et serrées.
Ces végétaux entremêlés agissent comme une
sorte d'éponge, qui retient constamment une
nappe d'eau où ils se décomposent. Telles sont
les tourbières des pentes montagneuses de la
France et des Vosges; toutefois, sur ces versants,
la génération de la tourbe est loin d'être aussi
rapide, aussi active que sur les plateaux horizontaux.

D'après les remarquables travaux de M. Élie de
Beaumont, il se développe dans les eaux stagnantes
où la tourbe prend naissance deux espèces de végétation; l'une, au fond, engendrée par des végétaux aquatiques; l'autre, superficielle, produite par
des plantes terrestres qui prennent racine sur une
espèce de radeau solide, formé par les feuilles et
les bois morts qui surnagent, et que viennent
grossir une infinité de débris organiques. Une fois
que ces végétaux terrestres ont pris naissance, il
se forme à la surface de l'eau un gazon superficiel
qui se consolide de jour en jour; sa solidité s'accroît constamment, et il peut bientôt servir de
support à des arbres assez grands. Quand on parcourt ces terrains superposés à des nappes d'eau,
on s'aperçoit qu'ils sont élastiques, sonores, et la

Fig. 8. — Palmier de période houillère.

moindre cavité qu'on y creuse fait entrevoir le liquide stagnant.

« Pour bien apprécier, dit M. Burat, le phénomène de l'accroissement des tourbières, il suffit de bien se rendre compte de leur structure intérieure. Le gazon superficiel forme une surface solide, élastique, au-dessous de laquelle se trouve l'eau, remplie par les plantes ascendantes du fond et les racines descendantes du gazon ; ces plantes et ces racines enchevêtrées déterminent un feutrage spongieux. Du fond de l'eau se développent et montent les plantes aquatiques qui augmentent l'épaisseur du feutrage et dont la décomposition successive accroît incessamment l'épaisseur de la tourbe. Cette tourbe se stratifie à mesure qu'elle se produit et elle exhausse le fond de la tourbière. »

L'apparence de la tourbe est très-variable, suivant la nature des végétaux qui la constituent. La tourbe *mousseuse* est la plus abondante ; elle est formée de végétaux rampants, agglomérés et entrelacés. La tourbe *feuilletée* est essentiellement produite par des feuilles superposées, et on rencontre dans sa masse les troncs et les branches des arbres où ces feuilles ont pris naissance. Généralement ces troncs sont déformés, aplatis et couchés ; cependant ils restent quelquefois debout comme les fossiles qui se trouvent dans la houille.

Ces gisements prennent le nom impropre de *forêts sous-marines*, parce qu'on les rencontre sou-

vent sur les rivages de l'Océan, à un niveau infé-
rieur à celui des eaux ; mais ils sont constitués par
des végétaux terrestres, des chênes, des bouleaux,
transformés en tourbe, que l'immersion subite
des eaux ou la pression des sables a profondément enfouis dans les entrailles du sol. La baie
de Saint-Michel présente un bel exemple géologi-
que de la submersion de la tourbe, située sous le
sol du rivage, derrière des levées ou barres de
galets que les ouragans et la tempête ont posté-
rieurement détruites. A l'époque des Romains,
cette baie était couverte de bois, et la levée litto-
rale, brisée par la force des flots, vers le huitième
siècle, submergea la forêt ; bientôt le sol tourbeux
de la forêt fut envahi par les sables, et aujour-
d'hui c'est sous les dunes qu'on le rencontre pendant la tempête ; le choc des vagues rend manifeste cette formation séculaire ; les flots frappent
le fond du rivage et en arrachent des débris de bois
noircis par une altération analogue à celle des
tourbières.

Qui nous dit que ces tourbières ne se trans-
formeront pas un jour en charbon de terre et que
nos descendants ne puiseront pas plus tard dans
ces gisements en voie de formation ? A part la différence minéralogique des produits, rien ne s'op-
pose à assimiler les conditions de formation de la
houille à celles qui donnent naissance à la tourbe.
Cette hypothèse se présente naturellement à la

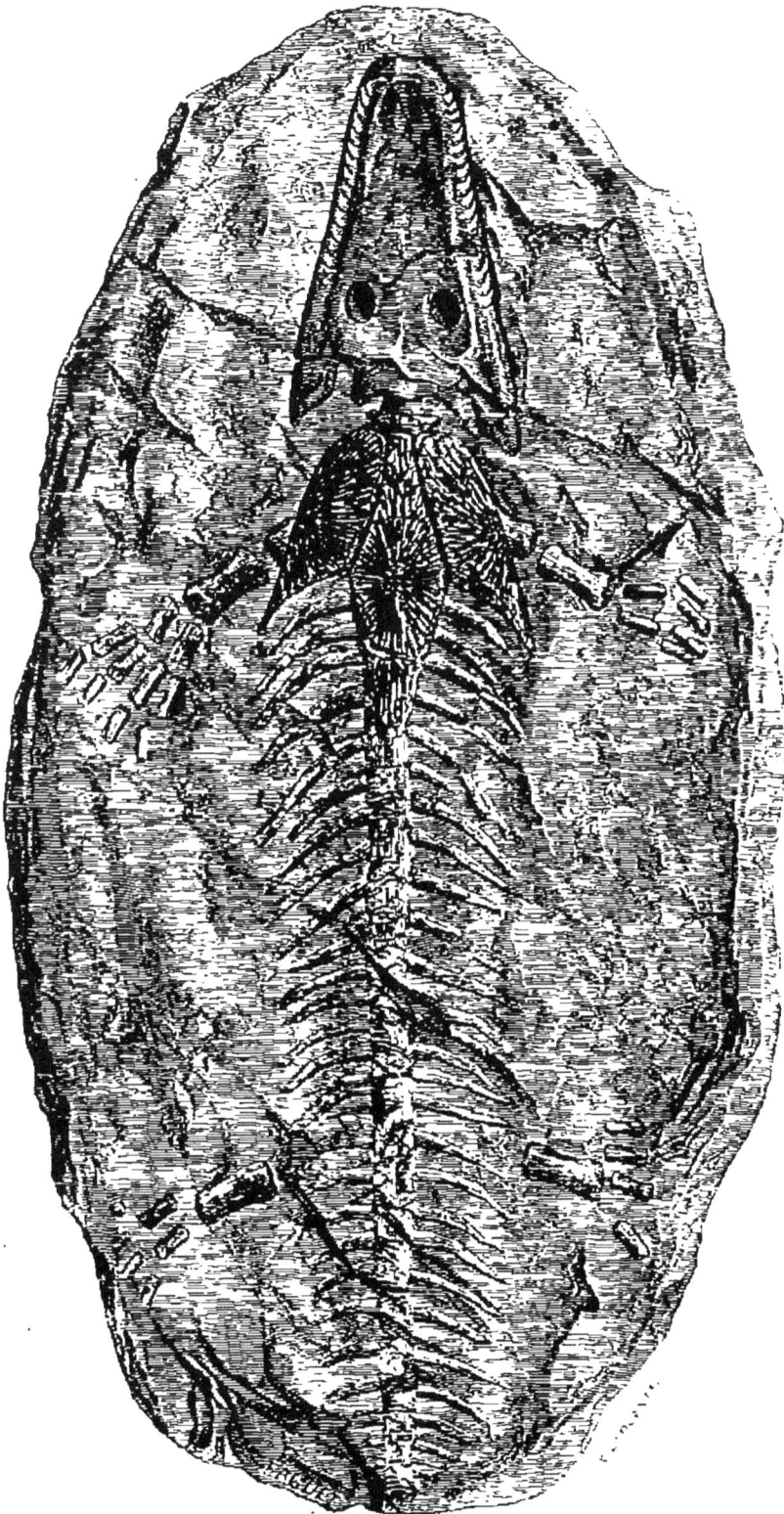

Fig. 9. — Archegosaurus.

pensée; elle se trouve vivifiée par l'observation
même de la nature qui nous montre dans ses créa-
tions multiples l'action des mêmes causes produisant les mêmes effets. Cette lente formation
de la tourbe est peut-être l'image de la formation
des gisements séculaires de la houille; nous aurions
sous les yeux le tableau de l'action des forces naturelles, qui travaillent patiemment à travers les
âges, et qui, aidées par l'influence du temps, produisent des œuvres immenses. Nous trouverions
ainsi la confirmation de la grande pensée de l'illustre Leibnitz qui considérait le présent comme
un miroir où se reflète le passé pour réfléchir
l'avenir.

L'étude des empreintes de fougères et d'arbres
divers ne nous permet pas seulement d'affirmer
en toute certitude l'origine de la houille; elle nous
autorise encore à reconstituer par la pensée le
monde disparu de cette période si surprenante.
Pompéi et Herculanum, enfouis sous la lave volca-
nique, se dressent aux yeux de l'historien qui
décrit les maisons de ces cités gracieuses, et qui
voit la foule des morts se réveiller pour animer
les rues aujourd'hui désertes et silencieuses; les
fossiles de la houille semblent de même sortir
d'un long repos pour apparaître aux yeux du géologue, cet autre historien de la nature; et, sous
les ordres de la science, les fougères relèvent

leurs rameaux épais, les lépidodendrons aux tiges
élancées et flexibles reprennent vie ; les lycopo-
diacées verdoyantes baignent leurs racines dans
les marécages autour d'un tapis de verdure éternel
et sans limites. La terre, d'un pôle à l'autre, est
couverte d'un épais manteau de verdure, et les végétaux de la houille ressuscitent à la voix de la
géologie. Voilà les continents qui se revêtent d'un
ombrage immuable et prodigieux.

Étrange décor qui embellissait la scène de notre
planète ; nos végétaux les plus humbles étaient
les plus orgueilleux ; les fougères de notre époque
ne sont plus que les représentants rachitiques des
fougères antédiluviennes, et les humbles herbages
de nos marais sont une image en miniature des
roseaux gigantesques qui couvraient le sol. Les
végétaux primitifs avaient une uniformité saisis-
sante, quelque chose de grand dans la pauvreté
d'espèces. La nature, prodigue de force et de fécondité, semblait avare de variété. Pas de fruits,
pas de fleurs, comme contraste dans la monoto-
nie des nuances ; pas d'animaux terrestres pour
animer de leurs mouvements ces forêts silencieuses. La vie végétale immobile, éternelle ; sur
les continents, çà et là des marécages ; plus loin,
des mers étendues. Pas un oiseau ne voltigeait sur
les rameaux épais ; pas un mammifère ne cherchait l'ombre sous les feuilles ; l'Océan seul avait
de nombreux habitants. Quelques rares insectes

promenaient leurs ailes diaprées, irisées et brillantes, sur ce monde organique; mais la majesté des forêts n'était troublée par aucun être supé-

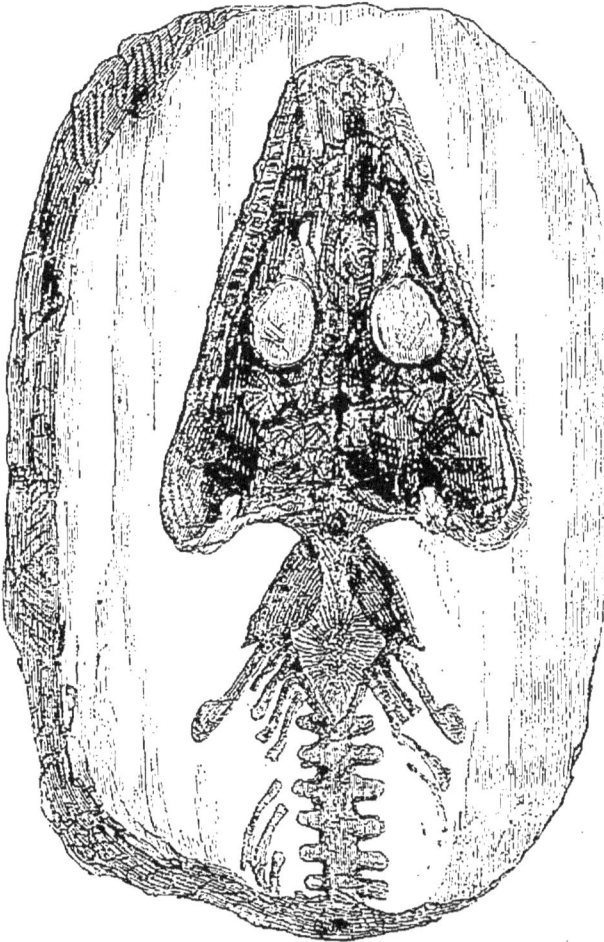

Fig. 10. — Archegosaurus. (Détails de la tête.)

rieur; pas un pied vivant ne froissait la feuille qui se détachait de sa tige; pas une souillure sur cette virginité d'ombrage et de verdure; pas une pensée pour contempler l'uniformité de ce monde étrange.

Au centre de l'Afrique, sous les tropiques, il existe encore quelques forêts dont les arbres offrent une analogie frappante avec ceux de la période houillère. Livingstone a décrit ces végétaux singuliers qu'il a découverts au milieu des régions inexplorées du vaste plateau africain. L'humidité de l'air, la chaleur exceptionnelle de ces contrées, accablent l'audacieux voyageur qui ose pénétrer dans ce domaine de la végétation ; les pluies torrentielles, les rayons d'un soleil ardent, anéantissaient l'explorateur ; c'est là le pays de la végétation touffue qui règne puissante et majestueuse ; malheur à l'homme qui veut longtemps en dévoiler les mystères et en sonder les profondeurs !

Sur ce vaste plateau africain est écrite, pour ainsi dire, l'histoire des forêts de la houille ; on y voit les derniers vestiges d'un monde anéanti. Mais l'atmosphère de ces contrées modernes n'est plus le reflet de l'air antédiluvien chargé d'acide carbonique, si propre à donner aux végétaux une force et un développement exceptionnels.

La rapidité de croissance des végétaux primitifs, l'activité de leur développement, la grandeur de leurs proportions, l'immensité de leur étendue, peuvent, en effet, nous représenter l'état de l'air dans ces âges enfouis depuis des siècles dans les profondeurs du passé.

L'atmosphère était saturée d'humidité, chargée de gaz acide carbonique, et la température très-éle-

vée favorisait le développement des végétaux. Des
pluies abondantes et torrentielles se déversaient
sur les continents et fécondaient les forêts qui
s'élevaient aux bords des estuaires, sur le rivage
des lacs et au milieu de fiords verdoyants.

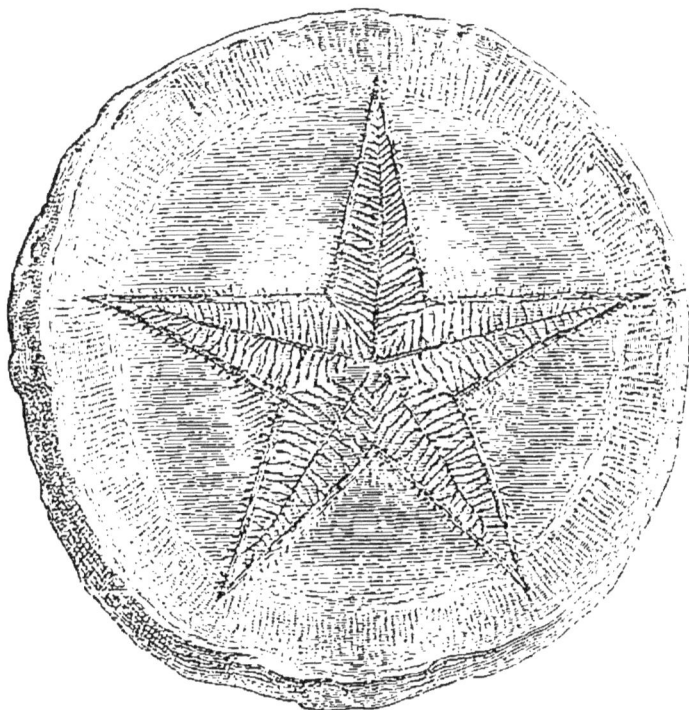

Fig. 11 — Empreinte d'étoile de mer.

Sous l'influence des rayons solaires, les plantes
de ces temps reculés réduisaient l'acide carbonique ; elles s'assimilaient le carbone qui s'y trouve
contenu et purifiaient ainsi l'atmosphère en le
préparant à donner la vie à d'autres êtres plus
perfectionnés. Cette réduction de l'acide carbonique s'opérait avec une absorption de chaleur de

la part du végétal; chaleur emmagasinée, devenue
latente, qui ne devait apparaître que le jour où
l'homme brûlerait le noir combustible. Quand on
échauffe le charbon de terre, il brûle, il se combine avec l'oxygène de l'air et dégage de la chaleur;
on peut dire, sans être paradoxal, que cette chaleur n'est autre que celle des rayons solaires an-
tédiluviens, concentrés pendant des siècles dans
la houille; ils se dégagent aujourd'hui pour féconder l'industrie des sociétés modernes.

Pour quels regards et pour quelle pensée se
développaient ces forêts majestueuses? Pour quel
but et pour quelles fins prospéraient ces ombrages
solitaires? Problème sans solution, énigme sans
réponse, pour qui se garde de se ranger à l'avis
de quelques esprits imprudents qui croient que
tout dans la nature a été fait dans l'intention de
l'homme; n'est-il pas plus prudent de prendre Buf-
fon comme guide, ou d'imiter le bon sens plein
de finesse de Fontenelle? « Nous sommes, a dit
ce profond philosophe, tous faits naturellement
comme un certain fou Athénien, qui s'était mis
dans la fantaisie que tous les vaisseaux qui abor-
daient au port du Pirée lui appartenaient. Notre
folie à nous autres est de croire aussi que toute la
nature, sans exception, est destinée à nos usages,
et quand on demande à nos philosophes à quoi
sert ce nombre prodigieux d'étoiles fixes, dont

une partie suffirait pour faire ce qu'elles font toutes, ils vous répondent froidement qu'elles servent à leur réjouir la vue. »

N'est-ce pas aussi folie de s'imaginer que ces gisements de houille ont été uniquement créés à notre usage, de s'extasier sur l'accumulation de ces débris antéhistoriques, rassemblés dans le sein de la terre pour présider aux besoins de notre industrie? On irait loin avec une telle manière de voir, et on se trouverait, en procédant ainsi, logiquement conduit à dire que le chêne-liége a été créé, il y a des milliers d'années, pour que l'homme un jour pût en faire des bouchons. Il faut bien tenir en garde ses sentiments quand on étudie la nature, et se garder d'être assez vaniteux pour croire que tout, dans le monde, gravite autour d'un cercle dont l'homme est le centre. Ne cherchons pas pourquoi la houille s'est produite; nous l'ignorerons toujours : hâtons-nous de dire, une fois pour toutes, que le savant a pour mission d'étudier ce qu'est la nature, et non pourquoi elle est, ce qui ne l'empêche pas du reste de se sentir transporté d'admiration à la vue des mystères qui l'environnent de toutes parts.

CHAPITRE II

LES GISEMENTS

Les richesses de la terre. — Bassins houillers des continents. — Les États-Unis et la Grande-Bretagne. — La Belgique, la France et la Prusse. — La superficie des gisements de charbon fossile.

Lentement enfouies dans les profondeurs du sol, les forêts antédiluviennes se dessèchent dans leur sépulcre et dorment dans leur tombeau pendant des milliers d'années ! Qui, le premier, porta la main sur ces reliques d'une époque disparue, qui pour la première fois creusa ces gisements immenses et en retira le premier bloc de charbon ? C'est la nature, dit-on, qui enseigna aux hommes que des richesses s'étendaient sous la terre, et c'est la Grande-Bretagne, le pays de la houille, qui dévoila, pour la première fois, le noir combustible. « Les eaux, dit Whitaker, dans son histoire de Manchester, amènent fréquemment, du haut des montagnes, les extrémités des couches de houille qui y affleurent au jour, et les Bretons durent sans

doute remarquer ces pierres brillantes et, soit
par l'effet du hasard, soit par la réflexion, en découvrir l'utilité. Une autre preuve plus positive
résulte de la découverte récente de plusieurs masses de houille, enfouies dans le sable, sous la voie
romaine de Ribchester. »

En 1259, Henri III accorda aux habitants de
New-Castle-upon-Tyne une charte pour l'exploitation des mines de houille, qui prit de jour en jour
un nouvel essor et acquit graduellement une haute
importance. D'après ce que nous venons de mentionner, l'exploitation de la houille aurait une origine bien antérieure à celle que lui assignent les
Belges. Ceux-ci prétendent que la découverte de
cette matière est due à un forgeron nommé Hullos
qui vivait en 1049 ; il est fort difficile d'émettre
une opinion certaine à cet égard : quoi qu'il en
soit, une fois que les hommes furent en possession
du charbon de terre, ils ne tardèrent pas à en
apprécier les qualités et les nombreux usages. Dès
que le premier mineur eut mis la main sur la
houille, on rechercha dans toute la terre les gisements si précieux du charbon fossile.

Il va sans dire que, dans les pays où la houille
vient affleurer au jour, on connut de tout temps
le noir combustible; mais son exploitation ne fut
pas la conséquence immédiate de cette connais-
sance; pour qu'une exploitation organisée s'éta-
blisse régulièrement chez un peuple, il faut que

sa civilisation ait atteint un certain degré de perfection; il est de toute nécessité qu'il existe un commerce qui exporte, ou une industrie qui consomme.
Aussi les traditions nous montrent-elles les Flan-
dres, le premier pays réellement industriel, ex-
ploitant les premières mines de houille. C'est au
douzième siècle que le charbon de terre aurait été
exploité aux environs de Liége, et la légende rapporte nombre de récits sur le premier mineur
qu'on appelait le *prudhomme houilleur* ou le *vieillard charbonnier*. Ce fut dans les quinzième et seizième siècles, que les exploitations s'étendirent de
Liége à Mons, en donnant une énergique impulsion au commerce à la prospérité duquel elles devaient singulièrement contribuer. Mais la houille
n'eut pas grand succès, malgré les avantages qu'on
devait tirer de son exploitation qui végéta, pour
ainsi dire, jusqu'à la fin du siècle dernier, comme
nous l'indique un écrit de Savary : « Le bois étant
devenu très-rare et très-cher à Paris en 1774,
on amena quelques bateaux de charbon de pierre
qui se débitèrent d'abord assez bien aux ports
de Saint-Paul et de l'École. Le peuple y courut
en foule, et même plusieurs bonnes maisons
voulurent en essayer dans les poêles et cheminées des antichambres; mais la malignité de
ses vapeurs et son odeur de soufre en dégoûtè-
rent bientôt; et, la vente des premiers bateaux
n'ayant pas réussi, les nouveaux marchands de

charbons de pierre cessèrent bientôt d'en faire venir pour la consommation de Paris. »

Si la Belgique a été le premier producteur de la houille, la France en fut le premier consommateur, et c'est pour envoyer des houilles à Rouen que les exploitations anglaises prirent naissance plus tard[1].

Les États-Unis sont merveilleusement dotés par la nature qui y a accumulé toutes les richesses, et les bassins houillers s'étendent en abondance dans le sol de cette grande république. Mais les hommes, dans ces pays nouveaux, n'ont pas encore profité de la dixième partie des sources précieuses qui s'étendent sous leurs pas, et ils n'en connaissent même pas l'étendue exacte ; à quoi bon compter ses richesses, quand on sait que la prodigalité la plus exorbitante n'en pourra entamer qu'une faible partie? Il y a des houillères en Amérique jusqu'au Groënland, jusqu'à la mer de Baffin, jusqu'au pôle ! Plus bas, du côté du Pacifique, nous rencontrons les amas de charbon fossile de la Californie, situés dans une localité exceptionnelle ; près de la grande baie de San-Francisco, nous trouvons les gîtes de l'Orégon, que la main du mineur a respectés jusqu'ici. Quel avenir dans ces mines immenses ! Aujourd'hui que le chemin du Pacifique

---

[1] *De la houille*, par A. Burat.

a rejoint New-York et San-Francisco, qui ouvrent à Londres la voie de Pékin, les gisements fossiles de la Californie, situés à l'entrée même des ports, peuvent alimenter le monde entier. C'est aux États-Unis qu'appartiennent les plus abondantes houillères du globe ; elles s'étendent autour du lac Salé, où les Mormons les exploitent ; elles sont enfouies dans les profondeurs du sol qui avoisine le golfe Saint-Laurent ; elles se développent au pied des Alleghanys, jusqu'au Missouri, jusqu'à l'Arkansas, pour venir joindre le pied des Montagnes Rocheuses ; elles envahissent la Pensylvanie, la Virginie, États auxquels elles donnent la richesse et la prospérité ; elles sillonnent les territoires de l'Illinois, de l'Indiana et du Missouri ; elles apparaissent partout puissantes et massives, toutes prêtes à féconder la nation nouvelle.

Les houillères des États-Unis sont huit fois plus étendues que toutes celles du monde entier ; exploitées depuis quarante années, elles produisent presque autant de houille que la France et la Belgique ; elles occupent le quart au moins de l'immense superficie des États-Unis ; ce sont de vastes greniers d'abondance où puiseront nos fils.

Après les États-Unis, c'est la Grande-Bretagne qu'il faut visiter, pays noir, patrie de la houille, qui en déverse des millions de tonnes dans les Indes, en Australie, dans toute l'Europe, et dans le monde entier. L'Angleterre a ses deux plus grandes houillères sur le bord même de la mer, et les wagons chargés du noir combustible glissent jusqu'aux vaisseaux qui l'emportent dans tous les pays à travers l'immensité des mers; elle a le minerai de fer à côté du charbon, c'est-à-dire la matière première à côté de l'outil. Avec du pain et du fer, disait Bonaparte à ses soldats, on peut faire la conquête du monde ; que ne ferait-on pas avec de la houille et du minerai ! L'un de ses grands gisements est assis au couchant et forme l'immense bassin du pays de Galles, qui envoie sur toute la terre le *cardiff*, le fameux charbon que recherchent tous les chauffeurs. L'autre se dresse au levant ; c'est le bassin de Newcastle, qui, à lui seul, produit autant de houille que la France tout entière ! Le charbon de terre a attiré autour de lui un peuple de 40,000 travailleurs, qui vit et prospère ; et Swansea, autrefois inconnue, est devenue, grâce à la houille, la patrie des fondeurs. « C'est elle qui envoie ses navires doubler le cap Horn, pour rapporter les minerais du Chili ; c'est pour elle, c'est pour enrichir ses lords, que travaillent les nègres de Cuba, et les populations libres de Coquimbo ou de la Paz, et c'est uniquement à la houille qu'elle doit sa puissance [1]. »

Les Anglais sont, à juste titre, fiers de leurs houillères, et ils racontent avec orgueil que la

---

[1] Amédée Burat, *Géologie appliquée.*

houille de Newcastle s'expédie parfois sur trois cents navires à la fois, par un même flot de marée; le vent enfle les voiles, et la cargaison, mille fois plus précieuse que celle d'une mine d'or, va gagner tous les rivages du monde.

La Belgique est riche en gisements du noir combustible; on rencontre dans ce pays toutes les qualités de la houille, plus une variété toute particulière, le *flenu*, excellent combustible que recherchent même les usines de Paris.

Le bassin houiller belge, très-développé entre Liége et Mons, s'étend de l'est à l'ouest sur une longueur de plus de cent soixante kilomètres. Dans tout ce parcours, le sol est littéralement hérissé d'usines, d'ateliers de construction et de machines. Vu de loin, les cheminées de briques se dressent si rapprochées les unes des autres, qu'on serait tenté de les prendre pour une série de grands arbres isolés que l'on cultiverait sur tout un territoire.

L'Europe centrale abonde en bassins houillers, et la Prusse exploite abondamment le charbon fossile, dans les mines puissantes de Sarrebruck, d'Aix-la-Chapelle et de Silésie. La France compte aussi des houillères importantes, notamment celles de Rive-de-Gier et de Saint-Étienne. L'immense bassin qui s'étend entre le Rhône et la Loire est essentiellement formé de houille. Le ter-

rain noir s'appuie d'une part sur les escarpements
du mont Pilat, et de l'autre il touche les chaînes du
Lyonnais et du Forez. Quand on sort de Lyon pour
aller à Givors, une fois parvenu à Rive-de-Gier ,
l'aspect du pays change presque subitement.
On ne voit plus que puits et galeries de mines, que
forages et pompes à feu en activité ; le sol est noir,
une couche de charbon saupoudre tous les visages
comme tous les objets. Çà et là des fours à coke
lancent dans l'air mille flammèches brillantes, et
le soir tout s'illumine ; on dirait un pays volcani-
que où mille feux souterrains jaillissent comme
une illumination fantastique à la surface du sol.
L'atmosphère elle-même est modifiée par l'exploitation de la houille, car une infinité de cheminées
vomissent constamment dans l'air des torrents de
fumée noirâtre, qui se rassemble en un immense
nuage obscur, semblable à un vaste couvercle massif et compacte. Cette brume mystérieuse semble
protéger tout le travail patient et laborieux qui
s'exécute dans cette vaste région. Elle abrite ces
immenses fournaises de l'industrie, où toute une
armée de mineurs et de forgerons est sans cesse
à l'œuvre pour subvenir aux besoins des sociétés.

A la fin du seizième siècle, Saint-Étienne était
une bourgade qui ne comptait guère qu'une centaine d'habitants, généralement experts dans la
confection des armes et des outils. Aujourd'hui le
chiffre de ses habitants s'élève à plus de 100,000,

et l'exploitation houillère est certainement une des causes les plus puissantes de cette étonnante prospérité.

Quand Saint-Étienne ne nourrissait que quelques centaines d'habitants, Rive-de-Gier et Givors n'existaient pas encore. Ces villes prospères ont été créées par la houille et le fer.

Épinac et Blanzy, dans le département de Saône-et-Loire, sont encore des houillères importantes parmi celles qui se comptent dans le territoire français.

C'est là que prospère le Creusot, qui, inconnu il y a un siècle, est devenu, grâce au noir combustible, la vallée de l'industrie prospère. Plus de 10,000 ouvriers vivent sur ce vaste plateau et travaillent à extraire la houille et le minerai, à fabriquer la fonte et le fer, à donner naissance à d'admirables machines qui, plus tard, pour fonctionner elles-mêmes, auront recours au charbon de terre.

Passons dans le Gard et arrêtons-nous un moment devant les belles houillères d'Alais et de la Grand-Combe, saluons dans l'Aveyron le vaste bassin d'Aubin, riche en noir combustible; jetons rapidement les yeux sur les grands établissements de Saint-Chamond, de Carmeaux, de Brassac et de la Moselle, et nous aurons les données nécessaires pour dresser le bilan de la richesse houillère de la France. Moins bien doté que les pays précédemment mentionnés, notre territoire n'a pas été

cependant oublié dans la distribution du charbon
fossile, et s'il est moins riche que les États-Unis et
que la Grande-Bretagne, il est moins pauvre que
l'Espagne, que l'Italie, que la Grèce, où se comptent seulement quelques rares gisements. Du reste,
il ne faut pas oublier qu'il n'a rien à envier à ses
voisins ; s'il a moins de houille, il a plus de blé et
plus de bon vin.

En Afrique, on a trouvé çà et là des gîtes carbonifères assez abondants au cap de Bonne-Espé-
rance, sur la côte de Mozambique, le long des rives
du Zambèse. Mais comment parler des richesses
souterraines d'un pays dont la superficie même
n'est pas connue ? Que d'explorateurs devront encore parcourir ce vaste plateau africain, combien
de Speke et de Livingstone devront dévoiler à la
géographie des lacs ou des fleuves nouveaux, avant
que des sondeurs aillent creuser l'épiderme de
ce sol encore vierge et dresser la carte de ses richesses souterraines !

Il y a aussi des mines de charbon dans la grande
île de Madagascar ; mais il n'est guère prudent
encore aujourd'hui d'aller les exploiter ou les découvrir. Un de nos amis qui a exploré ces contrées
nous a souvent raconté que les habitants ne par-
donnent jamais à celui qui creuse le sol. Ils accueil-
lent l'étranger qui n'a pas le caractère de mineur ;
mais ils punissent de mort celui qui fore un

puits, sans qu'on puisse guère expliquer la cause de cette singulière façon d'agir. Toutefois, si l'on n'est pas fixé d'une manière précise sur les gisements de la grande île africaine, on sait que dans certaines régions le charbon fossile y abonde.

Il y a encore des mines importantes dans l'Inde, dans la Birmanie, dans la Cochinchine, dans la Chine, dans le Japon, dans l'Asie centrale, dans la Sibérie et la Perse, et ces gisements commencent déjà à être exploités, principalement dans l'Inde, sous l'impulsion des Anglais; on ne sait trop que présumer de leur étendue. Nul doute que ce sont des réserves précieuses pour l'avenir. Quoi qu'il en soit, le tableau suivant représente l'importance relative des bassins houillers connus :

	Surface des bassins houillers.	Production annuelle.
Iles Britanniques...	1,570,000 hectares.	98,000,000 tonnes.
Russie, Saxe, Bavière.	600,000 —	20,000,000 —
France	550,000 —	12,000,000 —
Belgique.	150,000 —	12,000,000 —
Autriche, Bohême. .	150,000 —	3,000,000 —
Espagne.	150,000 —	400,000 —

Un fait assez frappant dans la distribution des terrains houillers, c'est leur accumulation dans l'hémisphère boréal. Les plus étendus sont en effet concentrés dans le nord-ouest de l'Europe entre les 49ᵉ et 56ᵉ parallèles. Dans ces limites se trouvent compris les grands dépôts des Iles Britanniques, de la Belgique, de la France et de l'Allemagne ; à mesure que l'on s'avance de cette zone vers le Sud, il y a une sorte de décroissance dans l'importance des bassins. Les petits bassins de l'Andalousie sont les derniers dans cette direction méridionale, car l'on en connaît fort peu dans toute l'Afrique. Il semblerait donc qu'il y a incompatibilité entre les régions australes et le terrain houiller, si l'on n'avait récemment constaté son existence sur plusieurs points de l'Australie [1]. A quelle cause faut-il attribuer ces irrégularités de distribution des richesses minérales ? Comment expliquer cette distribution singulière ? C'est à quoi nul aujourd'hui ne saurait répondre ; dans bien des cas, la science se borne à constater des faits de cette nature sans en découvrir le pourquoi. Il en est pour la houille comme pour les océans qui, principalement accumulés dans un hémisphère terrestre, cèdent la place aux continents dans l'autre partie de notre planète.

[1] Amédée Burat.

CHAPITRE III

Le forage des puits. — Les galeries souterraines. Travaux de maçonnerie et de charpente. — Comment on exploite la houille. — Les procédés barbares. — Les procédés modernes et l'économie

Les étendues, souvent considérables, occupées par le charbon de terre sont désignées par les géologues sous le nom de bassins houillers ; tantôt le charbon et les roches avec lesquelles il est uni comblent les lits d'anciennes mers ou de lacs disparus, et les gisements qui s'enfoncent dans les entrailles du sol apparaissent en d'autres points à sa surface, affleurent même au jour, et, dans ce cas, les mines de houilles sont toutes découvertes. Tantôt, au contraire, le noir combustible est caché sous le sol ; rien ne révèle son existence ; rien ne fait soupçonner, à la surface de la terre, la présence de richesses souterraines, et alors c'est le hasard ou la science qui met à nu les précieux gisements. C'est ainsi qu'en 1815 le forage d'un puits, dans la Sarthe, fit découvrir un gisement abondant; parmi les déblais on remarqua une matière noirâtre, qu'on reconnut pour être du charbon; elle brûlait en effet avec une belle flamme éclairante, et l'heureux propriétaire de ces terrains trouva la fortune au fond de son puits.

Dans d'autres cas, la science est le guide du mineur; la géologie lui indique des probabilités qu'il vérifie par des sondages, par des forages patients, qui dirigent jusqu'au fond de la terre la main de l'homme et lui permettent souvent d'en extraire le noir combustible.

Ces forages, également pénibles, ces puits, lentement percés dans l'écorce terrestre, ont révélé le gisement de houille : on en connaît l'étendue, on en soupçonne la profondeur; l'exploitation va maintenant livrer à l'industrie cette matière si utile. On commence par creuser des puits et par ouvrir des galeries dans les masses de houille, et quand le terrain est compacte, quand la roche supérieure est dure et résistante, le travail est laborieux et difficile; on n'avance que lentement et progressivement. Quand le sol est friable, quand la roche est tendre et susceptible de s'ébouler, comme pour les grès et les schistes, il faut murailler le puits, et le sondage offre encore dans ce cas de sérieuses difficultés. Quand on rencontre des nappes d'eau souterraines, les périls augmentent,

il faut que l'endiguement vienne opposer une
barrière à l'envahissement des eaux, il faut joindre au sein du liquide des pièces de bois, les unir
et les cimenter si bien, qu'elles deviennent complétement imperméables. Quelquefois il faut percer des sables désagrégés, des terres coulantes, et
ce travail devient un miracle de patience et de
persévérance, mais le mineur ne se décourage
jamais ; les difficultés semblent l'aguerrir et le
fortifier ; né pour la lutte, il aime la bataille, il
se réjouit à la vue des barrières qu'il doit traverser, et plus l'œuvre est minutieuse, plus il se
félicite du résultat obtenu au prix de mille déboires. Nous avons décrit ailleurs[1] les procédés
usités pour forer les puits, et nous ne reviendrons
pas sur la description des outils si merveilleux que
les Arago, les Mulot et les Kind, ont imaginé pour
en doter l'art du mineur. Poursuivons notre pé-
régrination souterraine, et suivons le forage jusqu'au milieu du gisement houiller.

Quand le puits est terminé, quand le succès a
couronné l'œuvre, le mineur se réjouit ; il a rem-
porté la première victoire ; la fête est l'étape du
travail patient, et le puits reçoit son baptême.
Les solennités de l'Église se mêlent aux labeurs
de l'industrie ; le puits est couronné de guir-

---

[1] Forage des puits artésiens, voy. *l'Eau*, 1 vol. in-12, L. Hachette et Cᵉ

landes et de fleurs; les chants joyeux se font entendre, et les bénédictions sont données à cet orifice, chemin du travail et de la fortune, voie féconde et prospère, qui va donner le pain à des milliers d'ouvriers!

Le trou de forage qui pénètre dans les entrailles du sol se remplit constamment d'eau, et il faut constamment aussi pomper et chasser ce liquide; c'est dans ce travail que la machine à vapeur intervient; nuit et jour le piston accomplit son mouvement de va-et-vient; nuit et jour les pompes sont à l'œuvre et luttent contre les éléments qui, semblables aux dragons de la Fable, ferment le chemin que les hommes ont eu la témérité de s'ouvrir. La pompe des mines est restée aujourd'hui telle que Watt l'a tirée de son cerveau; pas une modification, pas un perfectionnement; le grand génie de l'Angleterre, le père de la mécanique moderne, a créé tout d'un coup, et de toutes pièces, la pompe à vapeur des mines, qui a si justement gardé son nom.

Les difficultés, les périls, les obstacles, l'imprévu, qui arrêtent le mineur dans le forage des puits, se présentent encore devant lui quand il veut percer les galeries souterraines; ils se dressent à ses yeux plus redoutables et plus menaçants. Dans le percement horizontal, la pression est plus grande et le danger plus imminent. Quand la galerie est ouverte dans un terrain schisteux,

elle tend à se fermer naturellement ; car le poids
du sol qui la couvre agit avec une puissance
inconcevable, et quelquefois une galerie dans laquelle un homme tient debout ne livrerait plus
passage à une souris, quelques semaines après.

Pour obvier à ces inconvénients, il faut maçon-

Fig. 12. — Galerie boisée.

ner les galeries comme on a maçonné les puits ;
il faut y construire des tunnels en pierre ou en
briques, y dresser des charpentes, y entasser des
étais. Pour boiser les galeries, on construit dans
différentes régions du canal souterrain des cadres
formés de poutrelles solides, ajustées en forme de
trapèze ; on se sert du bois non équarri, tel qu'il
sort du chantier. L'espace compris entre chaque

trapèze est garni de poutres horizontales ou verticales (fig. 12 et 13), qui complètent le soutène-
ment.

Quand les puits et les galeries ont été ouverts,
revêtus de leur armature résistante de pierre ou
de bois; quand les machines à vapeur sont établies

Fig. 15. — Autre système de galerie boisée.

à la surface du sol, quand la pompe fonctionne,
la houillère est ouverte; et l'industriel peut aller
y chercher les millions qu'il a dépensés pour ces
travaux gigantesques. Il est des puits qui ne coû-
tent pas moins de deux mille francs le mètre, et
qui ont dix fois la hauteur du Panthéon; il est des
galeries qui exigent une dépense de 500 francs par
mètre, et qui ont plus d'une lieue de longueur! Le

gisement de houille est une mine d'or, mais à quel prix peut-on l'exploiter ! Les millions sont jetés dans les puits de forage avant que l'amortissement, pendant de longues années, permette de les retrouver.

Les premiers peuples qui exploitaient la houille employaient pour l'extraire du sol des méthodes grossières et barbares ; on gaspillait le charbon, on ne creusait que des galeries étroites, et le mineur, qui n'était pas un homme libre, mais un criminel ou un condamné, broyait lentement la roche à l'aide d'un outil insuffisant. Couché sur le flanc, la tête penchée, il frappait la roche noire, et les débris péniblement arrachés étaient péniblement ramenés à la surface du sol ; ce travail, véritable torture, a reçu le nom de *travail à col tordu*. Il n'y a guère plus de dix ans que cette besogne de galérien est abandonnée ; mais, de nos jours encore, on voit, en Écosse, de malheureuses petites filles, des enfants, qui portent sur des échelles branlantes des hottes pesantes chargées de houille. Une courroie est fixée à leur front, une lampe est attachée sur leur tête, un fardeau est rivé à leurs faibles épaules, et, ainsi équipées, ployant sous leur charge, elles gravissent les longues échelles, marchant à la suite les unes des autres ; quelquefois la courroie se brise, et l'infortunée ouvrière, qui perd l'équilibre, est précipitée au fond de l'abîme ; quelquefois encore, un bloc de houille se détache et vient donner la mort à ces esclaves, enfants de l'industrie moderne! Mais qu'importe au propriétaire de la mine, l'appât du gain a fermé son cœur à la pitié, et il exploite avec férocité de pauvres êtres qui meurent pour gagner un morceau de pain!

Dans les couches puissantes de houille, on a employé jusqu'à ces dernières années, et surtout en France, une méthode d'exploitation non moins barbare, connue sous le nom expressif de *méthode par éboulement*. Armés de pics, les mineurs taillaient un grand bloc de houille et finissaient par en déterminer la chute. Au dernier moment, ils s'enfuyaient quand la formidable avalanche était imminente. Mais il fallait étayer les vides immenses qui se formaient, il fallait éviter la formation des crevasses qui s'ouvraient quelquefois d'elles-mêmes jusqu'à la surface du sol, en offrant aux eaux superficielles un passage devenu funeste. En outre, les deux tiers au moins de la houille étaient abandonnés dans la mine, comme étais ou piliers ; et cette méthode, véritable gaspillage, n'a pas tardé à être complétement abandonnée.

La nécessité de produire le charbon de terre au plus bas prix possible a peu à peu conduit les mineurs à la méthode *par remblais*, qui consiste à retirer des entrailles du sol toute la houille abattue ;

4

à combler soigneusement par des remblais les vides formés par l'exploitation ; à remplacer par de

Fig. 14. —Vue d'un railway souterrain.

la pierre le charbon fossile, afin de donner aux galeries toute la solidité que nécessitent la sécurité et la sûreté du travail. Aujourd'hui, la houillère est une véritable usine organisée avec art ; tous les services s'effectuent avec promptitude et rapidité ; il n'y a plus d'éboulement et de travail à col tordu ; la houille une fois extraite détermine des fissures ou des cavernes que consolident d'habiles travaux d'art ; elle est dirigée sur des railways, dans des wagons qui glissent facilement au milieu des galeries souterraines (fig. 14) ; les

chevaux et les machines sont les forces motrices
employées, puissantes, économiques, et avec tous
ces perfectionnements le charbon de terre est
livré à l'industrie en plus grande abondance et
à un prix de revient plus faible; la vie des mineurs est protégée; le salaire s'accroît; le danger disparaît et l'industrie bien dirigée remplace des procédés barbares et indignes d'hommes
civilisés.

La disposition à donner aux galeries, leur direction, leur forme, les moyens de les consolider,
varient avec les différentes houillères; et chaque
ingénieur, d'après les allures du massif houiller,
juge des mesures à prendre et des travaux à
exécuter. L'outil qui sert aux mineurs à abattre
la houille est le pic, dont la forme varie suivant
la dureté du gisement; quand il est trop résistant,
on emploie la poudre et le sautage. C'est ainsi que,
dans tous les pays, les progrès de la science ont
permis à des méthodes économiques et humaines
de remplacer des procédés barbares et dispendieux. Aujourd'hui le mineur n'est plus à plaindre,
et pour s'en assurer il suffit de le voir à l'œuvre.
Qu'on aille à Anzin ou au Creusot, à Newcastle
ou à Commentry, on verra les noirs travailleurs
qui creusent, en chantant, le débris fossile, et
qui, après une journée laborieuse, rentrent gaie-
ment au logis, où ils élèvent leurs enfants pour
en faire des mineurs. Comment pourrait-il en être

autrement ? puisque le charbon de terre, c'est la richesse, c'est la fécondité, si une intelligente industrie sait en tirer profit.

L'avenir, a dit Robert Peel, est au pays qui produira le plus de houille. Cette phrase célèbre résume l'importance des gisements de charbon de terre, attestée par la petite Belgique qui n'occupe un rang important dans la classification des États, que parce qu'elle est riche en débris noirâtres des forêts antédiluviennes. Aucun pays n'est mieux doté que la libre Belgique, qui trouve dans son sein toutes les qualités de la houille ; aucun pays n'est plus prospère. L'Angleterre, qui puise dans son sein le fer et le charbon en si grande abondance, est à la tête du commerce du monde ; la Prusse et la France ne viennent qu'en seconde ligne sous ce rapport. Les États-Unis et les Indes sont riches en charbon fossile, et ces contrées étendues semblent être les contrées de l'avenir, qui marcheront à la tête de la civilisation, quand les mines européennes seront épuisées. Étrange spectacle que celui de cette exploitation formidable, surtout quand on se reporte en arrière, aux siècles précédents, qui n'avaient nul soupçon des ressources que l'on pouvait rencontrer dans le sein de la terre !

Il n'y a pas très-longtemps, en effet, que l'on met à profit le noir combustible. Sous Henri II, les docteurs de la Sorbonne l'avaient excommunié pour « ses vapeurs sulfureuses et malignes », et un édit royal avait défendu aux maréchaux ferrants de l'employer « sous peine de prisons et d'amendes ».

On est tenté de croire que l'industrie moderne s'est hâtée de rattraper le temps perdu, car on est vraiment terrifié en songeant à l'énorme consommation de charbon de terre dans le monde entier. Aujourd'hui Londres consomme près de six millions de tonnes de charbon de terre, et le voyageur qui arrive dans la capitale des trois royaumes doit cesser de s'étonner en voyant l'auréole de fumée noirâtre qui plane au-dessus de l'immense cité. Paris en brûle un million de tonnes par an, et la houille, jadis bannie de notre brillante métropole, y est reçue de toutes parts. L'autorité, loin de l'interdire, en attend l'arrivée; car son passage par l'octroi grossit singulièrement les revenus de l'État.

Partout le mineur est à l'œuvre, partout il arrache au sol le charbon de terre, avec cette sorte d'activité fiévreuse qui caractérise le chercheur d'or en présence d'un filon précieux. Il y a un siècle, l'exploitation de la houille était à peine créée, et de nos jours des milliers de machines se nourrissent du combustible fossile, des blocs énormes sont sans cesse retirés des profondeurs du sol, et plus la consommation s'accroît, plus la fortune d'un pays augmente, plus son bien-être s'accroît, plus son commerce devient prospère. — Mais n'y a-t-il pas une ombre à côté de ce rayonnement de richesses ? — Bernard Palissy autrefois s'effrayait de la grande exploitation des forêts, il prévoyait l'anéantissement des arbres prospères, il conseillait de reboiser le sol et de songer à l'avenir. — « Que pourras-tu faire sans bois ? » dit-il à la société. — N'est-il pas permis aujourd'hui de s'inquiéter aussi de cette extraction formidable du charbon, et de dire à l'industrie : « Que pourras-tu faire sans houille ? » — Grave question que bien des esprits éclairés se sont posée, et que nous aborderons dans la suite de cet ouvrage.

CHAPITRE IV

LES DRAMES DES HOUILLÈRES

Les ennemis du mineur. — L'explosion de la poudre. — L'incendie. — Le feu grisou. — L'éboulement. — L'inondation.

Nous venons de voir quels sont les principaux obstacles qui se présentent au mineur ; mais, à côté de ces premières difficultés, il rencontre parfois des ennemis plus redoutables encore, qui peuvent instantanément détruire le travail de plusieurs années.

Pour arracher aux gisements de houille des blocs entiers du noir combustible, il faut recourir à la poudre qui, par sa combustion et la force expansive qui en résulte, détache de l'amas solide des masses énormes de charbon de terre ; mais la poudre est une arme redoutable qui se tourne quelquefois contre ceux qui veulent l'employer.

On perce dans les parois des galeries souterraines, des trous de sonde étroits et profonds, on y entasse la poudre et, à l'aide d'une mèche lentement combustible, on l'enflamme. Quand le feu a pris à la mèche, les ouvriers se retirent et ils attendent le moment de l'explosion qui facilite leur tâche. Il arrive quelquefois que la mèche, trop comprimée dans le trou de sonde, ne brûle pas assez vite, et le moment de l'explosion se fait attendre ; il faut alors approcher avec précaution pour remédier à la cause de ce retard inattendu ; mais que d'accidents sont survenus à la suite de cette exploration dangereuse ! La poudre peut détoner au moment où les ouvriers se sont imprudemment aventurés, et les éclats lancés dans l'espace jettent la mort parmi les mineurs !

Quand l'opération s'exécute régulièrement, c'est un grand spectacle que celui des chantiers où s'allument les mines. On entend une véritable canonnade, qui fait retentir l'air avec une violence extrême. La dilatation des gaz échappés de la poudre écarte les masses minérales, les fissures, et en détache des blocs énormes ; une fumée épaisse s'élève dans l'atmosphère, puis le calme succède au tumulte. C'est alors que le pic vient achever l'œuvre de la poudre, et que les morceaux de charbons arrachés de leurs gisements séculaires sont lentement débités.

Le tirage à la mine a souvent causé dans les houillères des incendies terribles ; mais ceux-ci prennent aussi naissance quelquefois spontané-

ment par la décomposition du charbon. Quand les
houilles menues séjournent trop longtemps dans la
mine, elles s'échauffent sous l'influence de la fermentation, et la température peut s'élever au point
d'en déterminer l'inflammation ; le feu s'alimente,
et, trouvant toujours de nouveaux combustibles, il
se propage avec une terrifiante intensité. Pour lutter
contre le feu, le mineur ferme les galeries avec
des murs d'argile, qui limitent le champ du désastre ; mais que de courage, que de fermeté sont
nécessaires pour exécuter ces barrages, en face
même du foyer incandescent, qui échauffe toute
la mine et lui communique souvent une température de soixante degrés ! Les ouvriers travaillent
tout nus, avec une admirable constance, que vient
soutenir le but de salut qu'ils entrevoient.

La chaleur est accablante ; l'air est vicié par les
produits de la combustion, et les hommes ne peuvent construire le barrage qu'au prix d'une véritable torture ; ils sont quelquefois anéantis par l'influence des gaz délétères et ils cherchent à en combattre les effets, en appliquant sur leur bouche un
linge imbibé d'ammoniaque. C'est dans cette four-
naise infernale qu'ils construisent à la hâte le
rempart d'argile, pendant que le feu, travaillant
au fond des galeries, fait, de moment en moment,
des progrès rapides, et s'avance avec la vitesse de
l'inondation qui balaye tous les obstacles.

Le feu triomphe parfois, et, quand tous les ef-

forts ont été impuissants, on abandonne la houillère qui devient un foyer perpétuel ! Il est des mines qui brûlent sous terre depuis des siècles. C'est
ainsi que les houillères de Decazeville, dans l'A-
veyron, et de Commentry, dans l'Allier, sont en-
flammées depuis un temps immémorial.

L'incendie qu'allume la houille en brûlant spon-
tanément n'inquiète pas beaucoup le mineur ; il
peut éteindre, à ses débuts, ce feu lent qui ne se
propage que peu à peu, et il arrive presque toujours à le maîtriser. Il n'en est pas de même du
feu grisou, le plus terrible fléau du monde souterrain.

Le charbon de terre dégage de ses fissures un
gaz combustible, l'hydrogène protocarboné, qui
brûle avec une flamme livide, paisiblement, s'il
est pur, mais qui détone avec un épouvantable fra-
cas, s'il est mélangé avec l'air. Quand l'hydrogène
protocarboné s'est dégagé des parois des galeries
souterraines, quand il s'est mélangé à l'air de ces
corridors sombres et étendus, une étincelle suffit
pour transformer la houillère en une poudrière
qui éclate, en ébranlant tout un massif géologi-
que, et en écrasant sous ses efforts tous les in-
fortunés mineurs qui sont enfouis sous le sol.

Quand le grisou s'enflamme, on entend une détonation formidable ; les hommes sont aveuglés,
lancés dans l'espace et broyés par des matériaux

Fig. 15. — Explosion de feu grisou.

qui les écrasent (fig. 15). Le désastre est effrayant dans son instantanéité ; c'est la mort subite qui jette des victimes sur le sol, avant même qu'une pensée de salut ait pu prendre naissance. Nul sauvetage n'est possible, et quand l'explosion s'est fait entendre, ce ne sont plus des hommes qu'on pourrait arracher des entrailles du sol, ce sont des lambeaux de chairs informes et déchiquetés, des cadavres carbonisés et des ossements mutilés en un instant, comme ceux que l'on retire du sol quand ils ont subi l'influence d'une décomposition de plusieurs siècles. Quel que soit le nombre de mineurs, nulle pitié de la part de ce fléau qui ne respecte personne ; cent, deux cents ouvriers sont impitoyablement engloutis sous les débris entassés par l'explosion.

Ceux qui ont échappé aux effets directs de la projection sont asphyxiés par les gaz délétères qui se dégagent ; ils sont carbonisés par la haute température qui se produit, la ventilation devient impuissante, les muraillements sont broyés, les digues sont ouvertes, et l'incendie, l'éboulement, l'inondation deviennent les effroyables complices du feu grisou.

En 1812, une explosion se fit entendre dans une houillère de Liége, et de nombreuses victimes furent étendues sur le sol ; soixante-huit ouvriers, qui vivaient encore, furent asphyxiés par les gaz délétères !...

Est-il besoin de choisir dans la triste énumération des catastrophes dues au feu grisou ? Hélas !
les faits épouvantables abondent tellement, les
récits horribles sont si nombreux, les détails pal-
pitants si fréquents dans ces scènes de désordre
et de désolation, qu'une histoire prise au hasard
au milieu de mille drames est toujours un exemple frappant de ces fléaux.

Reportons-nous par la pensée en 1855, dans la
mine de Mons, près de Saint-Étienne. — C'est la
nuit. — Le maître mineur, avec trois hommes,
vient de descendre dans la mine, où se trouvent déjà
le palefrenier soignant les chevaux et les charpentiers réparant les galeries de bois. — Tout à
coup une détonation effrayante ébranle les travaux
dans toutes leurs parties, le puits est transformé
en une formidable pièce d'artillerie qui vomit
dans l'air des pierres arrachées aux murailles,
des charpentes, et les projette avec une force épouvantable jusqu'à 100 mètres dans l'atmosphère.
—Les bennes et les câbles eux-mêmes sont lancés
dans l'espace par ce volcan. — L'ingénieur arrive
terrifié. — Spectacle navrant ; tout à l'heure tout
était tranquille et calme ; le travail, l'activité allaient régner autour de la mine. En une seconde
la scène est changée, c'est à présent la désolation
de la mort. Et que sont devenus les malheureux
qui sont descendus dans la mine ?

Un sauvetage s'organise à la hâte. On descend

par la *fendue*, mais les lampes s'éteignent. — Mauvais présage. — Les sauveteurs, comme les lumières, vacillent et tombent asphyxiés ! Deux hommes de cœur se sont dévoués pour sauver leurs frères ; bientôt ce ne sont plus que deux cadavres ! On établit une ambulance à l'entrée du puits et l'on redescend. — Les mineurs ne marchandent pas leur vie pour sauver des amis en péril ; tous jusqu'au dernier s'engageraient dans la voie fatale, tous se dévoueraient s'il le fallait, et iraient rejoindre, avec l'âpre plaisir que donne un dévouement tragique, les cadavres cachés dans les profondeurs du sol.

Toute la nuit dans les galeries souterraines on cherche à tâtons au milieu de cette horrible excursion. Chaque mineur sonde le sol, interroge les murs noirs, appelle, et rien ne répond à sa voix. A chaque instant, il s'attend à se heurter contre un cadavre !

A l'orifice de la mine accourt une foule inquiète. — Les familles des mineurs, les femmes, les enfants attendent anxieux et épouvantés. L'ambulance se remplit d'instant en instant des sauveteurs asphyxiés ! Une jeune femme porte un enfant dans ses bras, c'est la femme du maître mineur. Elle verse des torrents de larmes et supplie l'ingénieur de la laisser pénétrer dans la mine pour y retrouver son mari ; mais il est expressément défendu à aucune femme de pénétrer dans

les travaux. — Tout à l'heure elle va apprendre
que son mari est mort comme les autres! Pauvre
créature! elle en deviendra folle de désespoir. —
Pendant plusieurs mois elle va errer par les campagnes et les villages, et demander aux passants
où est le père de ses enfants, jusqu'à ce que la
mort vienne mettre un terme à sa douleur fiévreuse. — Les victimes du *feu grisou* se comptent
ainsi par milliers! Le souvenir de la femme du
maître mineur s'est conservé dans le pays, et les
vieux houilleurs de Saint-Étienne vous raconte-
ront encore cette histoire si touchante.

Cependant on retourne dans la mine. — Les
charpentiers qui travaillaient aux étais ont été
broyés. — A l'écurie tous les chevaux sont morts.
Le maître mineur, le palefrenier sont ensevelis
sous les décombres!

Il est navrant de penser que ces catastrophes
sont presque toujours la conséquence d'inquali-
fiables négligences; car les mineurs sont munis
de lampes, qui ne peuvent pas enflammer le liquide explosif formé par l'union de l'air et de l'hydrogène protocarboné. — C'est à l'illustre chimiste
anglais Davy que l'on doit l'invention merveilleuse
de ces appareils d'éclairage. — La flamme est en-
veloppée d'une toile métallique, qui, par la con-
ductibilité calorifique dont elle est douée, refroidit suffisamment les gaz combustibles qui la tra-

versent pour empêcher leur inflammation, comme l'indiquent les différents systèmes représentés par les figures 16, 17 et 18, mais ces lampes ne donnent qu'une faible lueur, et quoiqu'elles soient généralement fermées au cadenas, les mineurs imprudents s'efforcent de les ouvrir pour augmen-

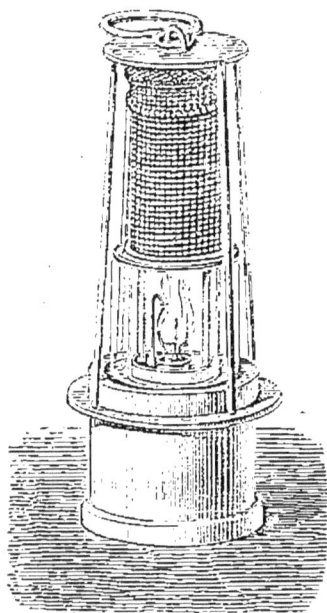

Fig. 16.

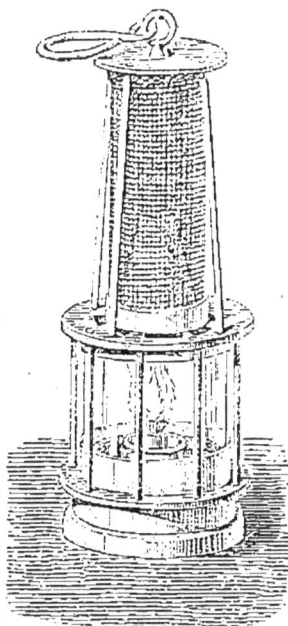

Fig. 17.

ter l'éclat de la lueur qui les éclaire. Un moment d'oubli suffit pour enflammer le terrible grisou quand il s'échappe des fissures de la houillère! On a imaginé, depuis quelques années, un grand nombre d'autres systèmes d'éclairage pour les mines, et nous mentionnerons notamment l'heureuse application qu'on a faite à cet égard des

5

tubes de Geissler. — Un courant électrique, produit
par une pile contenue dans une petite boîte porta-
tive, traverse un tube de verre rempli d'azote, et
produit, en traversant le gaz, une lueur capable
d'éclairer une salle obscure (fig. 19). Malheureusement le mineur, qui vit au milieu du péril, se
familiarise avec lui, et trop souvent il le brave, en
enflammant des allumettes, en se munissant
d'autres lumières, qui engendrent parfois d'épouvantables catastrophes !

La liste des ennemis du mineur n'est pas encore achevée ; l'éboulement, les irruptions d'eau,
ne sont pas moins terribles que l'incendie et l'explosion. Les étais et les travaux de maçonnerie ou
de charpente, qui soutiennent les galeries souterraines, s'affaissent quelquefois sous l'effort d'une
pression énorme, et le mineur peut se trouver
pris dans les déblais, sans qu'aucune voie lui
permette de revoir la lumière du soleil. Les accidents d'éboulement sont devenus légendaires, et
quelques faits véridiques semblent presque fabuleux. Qui a oublié l'histoire de l'infortuné Giraud,
en 1854 ? Ce terrassier travaillait au fond d'un
puits de mine à Lyon. Les terres supérieures s'é-
boulent, et le voilà emprisonné avec un de ses
compagnons, dans un caveau étroit enfoui dans
les profondeurs du sol. « Comment sauver les pauvres mineurs ? Il fallut foncer un nouveau puits,
au voisinage du premier, et rejoindre ensuite par

une galerie le point où l'accident avait eu lieu.
Malgré toute l'ardeur déployée, un mois fut nécessaire pour mener l'entreprise à bien ; car des ébou-
lements survinrent dans les travaux de sauvetage
eux-mêmes. Giraud et son compagnon entendaient
le bruit du pic, répondaient aux travailleurs,
croyaient à chaque instant que l'heure de la déli-
vrance allait sonner. Vain
espoir ! Le camarade suc-
comba. La faim l'emporta
sur la douleur comme dans
la sombre histoire d'U-
golin.

« Giraud plus énergique
résista. Le cadavre de son
ami, couché sur lui, viciait
le peu d'air qu'il respirait ;
mais le désir de vivre l'emporta. Ni la faim, ni ce
sinistre voisinage n'abat-
tirent cet homme ; il ne
voulait pas mourir. Il lutta

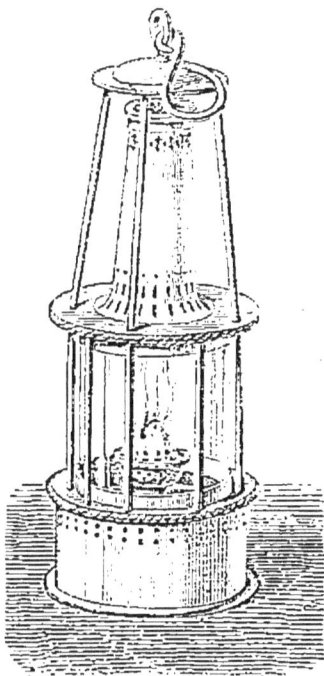

Fig. 18.

un mois entier. A chaque instant on croyait le
rejoindre, puis survenait un accident ; il fallait
recommencer.

« Giraud ne faiblissait pas, il répondait distinc-
tement à toutes les demandes qu'on lui faisait. La
France, l'Europe entière suivit cette lutte jour par
jour. On donnait chaque soir un bulletin de la

marche de la journée. Le trentième jour, on cria victoire, Giraud était sauvé. Pâle, défait, réduit à l'état de squelette, son corps n'était plus qu'une plaie. La gangrène avait attaqué tous ses membres, et la cause en était due à ce cadavre, qui pendant trois semaines s'était décomposé à ses côtés. On transporta l'infortuné puisatier à l'hôpital de Lyon : il y vécut encore quelque temps, puis s'éteignit[1]. »

Que de drames encore causés par les inondations souterraines, que de désastres dus à l'élément liquide qui, brisant ses digues, envahit les galeries des houillères ! L'eau s'est amoncelée depuis des siècles au fond des mines, elle y forme des lacs, des amas immenses que retiennent des *bâtardeaux*, façonnés en ciment et en argile, ou des *serrements* en bois. Si la pression devient trop forte, la digue est rompue, l'eau se précipite avec une indicible violence, et, avant même que les hommes aient pu s'enfuir, leurs cadavres sont charriés sur ce torrent impétueux.

Dans un grand nombre de mines, il existe des excavations anciennes, provenant de tailles antérieures de plusieurs siècles ; on n'en connaît souvent ni l'étendue ni la situation exacte. Ces cavernes, façonnées par la main des hommes, devien-

---

[1] Nous empruntons ce récit au remarquable ouvrage de M. L. Simonin : *la Vie souterraine*, où nous avons puisé, pour ce chapitre, quelques documents précieux.

nent les vastes récipients des eaux pluviales qui les emplissent lentement. En creusant le gisement de houille, les mineurs ouvrent une voie à ses masses d'eaux accumulées, et, quand la paroi amin-

Fig. 19. — Appareil d'éclairage électrique.

cie n'offre plus une assez grande résistance, le liquide la brise et se déchaîne comme une avalanche.

L'histoire des mines a enregistré minutieusement la terrible inondation qui dévasta une houillère dans le Gard, il n'y a guère plus de six ans. Les eaux de la rivière la Cèze, qui avoisinent la houillère de Lalle, avaient grossi subitement à la suite d'un violent orage ; elles avaient débordé de leur lit et se précipitaient en inondations terribles dans toutes les campagnes. Le déluge s'étend d'heure en heure et bientôt il tourbillonne au-dessus des mines de Lalle : une longue crevasse vient de se former dans le sol, et l'eau disparaît dans ce gouffre pour envahir les galeries souterraines. Un mugissement épouvantable est repercuté dans les excavations de la mine, et les cris de cent trente-neuf mineurs s'élèvent dans l'air comme le râle de moribonds. L'ingénieur et le maître mineur accourent à l'ouverture du puits, et vingt-neuf ouvriers seulement ont pu s'échapper. Cent dix mineurs sont restés dans la houillère ! Comment voler à leur secours, et le sauvetage se fera-t-il encore sur des êtres vivants ?

A la surface du sol on établit à la hâte une digue contre les eaux ; un jeune homme ose s'aventurer dans le gouffre vingt-quatre heures après l'accident, il frappe aux parois de charbon et croit entendre des coups lointains qui répondent à son appel. L'ingénieur, M. Parran, a laissé, dans le *Bulletin de la Société de l'Industrie minérale*, une relation palpitante du merveilleux sauvetage que nous allons décrire, et il nous raconte sous l'im-

pression de son émotion fiévreuse les péripéties
de ce drame inconcevable : « L'oreille collée au
charbon, écrit-il, et retenant notre respiration,
nous entendîmes aussitôt, avec une émotion pro-
fonde, des coups extrêmement faibles, mais précipités, rhythmés, en un mot le rappel des mineurs, qui ne pouvait être la répercussion du
nôtre, puisque nous avions frappé à intervalles
égaux. »

Un massif de houille énorme séparait les prisonniers. En temps ordinaire, il aurait fallu trois
mois pour l'ouvrir ; il fut percé en trois jours, tant
est merveilleux et passionné le travail du mineur,
qui vole au secours de ses amis ! Le deuxième jour,
on entend la voix des prisonniers : « Nous sommes
trois, » s'écrient-ils, d'une voix faible. On les atteint enfin. Ils n'étaient plus que deux : l'un fié-
vreux et presque mort, l'autre, plus jeune, avait
le délire.

Plus tard, ils ont raconté le drame qui se passa
dans ce gouffre obscur. Après l'inondation, ils se
trouvaient trois dans une excavation où l'eau
grondait sous leurs pas. Un vieillard était avec
eux ; ils n'osaient pas bouger dans la crainte d'ê-
tre précipités dans l'abîme et attendaient que la
mort vînt mettre fin à leur angoisse. Le deuxième
jour, leur vieux compagnon, dévoré par la soif,
épuisé de fatigue et d'émotion, se baisse pour
boire ; il tombe, sans dire un mot, et ne reparaît

plus! L'air est vicié et lourd, l'obscurité cache le
spectacle effrayant de deux hommes emprisonnés
dans un sépulcre. Les deux mineurs entendent
les voix de leurs sauveurs, les coups du pic, qui est
le salut ; mais ils sont si faibles qu'ils se réjouis-
sent à peine. L'un d'eux veut boire aussi, il se
penche pour atteindre l'eau qui mouille ses pieds,
il applique ses lèvres contre le liquide, et sa bouche rencontre le cadavre qui flotte encore à ses
pieds!

CHAPITRE V

L'HISTOIRE DE L'ÉCLAIRAGE

Une page d'histoire. — Les grands inventeurs. — Philippe Lebon.
— Murdoch. — Windsor. — Samuel Clegg. — Les ennemis des
lumières.

La plupart des matières organiques qui, comme
la houille, renferment parmi leurs éléments constitutifs une forte proportion de carbone et d'hydrogène, donnent par la distillation, des gaz combustibles qui brûlent avec une flamme éclairante.
Quelques lignes suffisent aujourd'hui pour énon-
cer un fait de la plus haute importance ; mais il a
fallu des siècles pour qu'on sût les écrire, et c'est
seulement depuis bien peu de temps que l'art de
l'éclairage a mis à profit le charbon de terre, si
abondamment répandu dans les entrailles du sol.

La lumière est la première condition de la vie ;
plongée dans l'obscurité, la plante s'étiole et dé-
périt ; enfouis dans les ténèbres, les animaux lan-
guissent ou meurent, et l'explorateur qui ose

s'aventurer dans les régions arctiques, pendant la longue nuit polaire, n'arrive à revoir le soleil qu'au prix des plus terribles souffrances. L'homme a dans tous les temps cherché à remplacer la lumière solaire et à combattre l'obscurité par la combustion de matières organiques ; les peuples les plus primitifs brûlaient la graisse des animaux, ou s'éclairaient avec des torches de résine, et la lueur blafarde qui s'échappait de ces lampes grossières leur permettait d'attendre avec moins d'inquiétude l'heure où l'astre du jour paraît au-dessus de l'horizon pour venir animer toute la nature.

Les anciens, les Grecs et les Romains, n'avaient d'autre appareil d'éclairage que la lampe à huile où brûlait lentement une mèche poreuse ; ils produisaient des lampes gracieuses et élégantes ; mais, bien plus artistes que praticiens, ils négligeaient les perfectionnements qu'auraient pu facilement atteindre ces systèmes élémentaires. Pendant tout le moyen âge, aucun progrès ne se réalise dans l'art de l'éclairage; on dirait que la lumière physique suit en quelque sorte la lumière morale, et plus un peuple est ignorant et grossier, moins ses modes de produire des rayons artificiels sont perfectionnés. Pendant l'heure sombre du moyen âge, la flamme fuligineuse de l'humble lampe à huile brille d'un bien faible éclat, et, à côté d'elle, la chandelle jette des rayons blafards sur une société maladive. C'est aux Celtes qu'on attribue l'invention de la chandelle, qui se fabriquait à l'aide du suif de mouton; on coulait la graisse dans des moules cylindriques dans l'axe desquels on avait placé à l'avance une mèche en coton. La fumeuse chandelle remplaça bientôt la lampe, et c'est elle qui, pendant des siècles, lançait une pâle lueur dans la chaumière du manant comme dans le palais des rois.

En 1016, sous Philippe Ier, nous voyons s'organiser la première corporation des chandeliers, en même temps que la *lanterne* fait aussi son apparition. Les passants attardés la tenaient à la main; on en plaçait bien quelques-unes à la porte des couvents sous les statuettes de la Vierge qui protégeaient la modeste lumière; mais celles que l'on suspendait dans les rues ne tardaient pas à disparaître, car les voleurs et les larrons n'aimaient guère ces nouveaux et indiscrets témoins de leurs brigandages. Jusqu'au milieu du dix-septième siècle, Paris était infesté de voleurs qui couraient les rues désertes et obscures, détroussant les honnêtes bourgeois attardés. On n'a pas oublié ces vers de Boileau :

Le bois le plus funeste et le moins fréquenté
Est, auprès de Paris, un lieu de sûreté.

La première ordonnance relative à l'éclairage

date de 1524; un arrêt du parlement ordonne aux
bourgeois de suspendre des lanternes à leurs fenêtres :

« Pour éviter, est-il dit dans cet acte, les périls
et inconvénients du feu qui pourraient advenir
en cette ville de Paris, et résister aux entreprises
et conspirations d'aucuns bouteffeux étant présents en ce royaume, qui ont conspiré mettre le
feu ès bonnes villes de cedit royaume, comme jà
ils ont fait en aucunes d'icelles villes; la Cour a
ordonné et enjoint derechef à tous les manans et
habitans de cette ville, privilégiés et non privilégiés, que par chacun jour ils ayent à faire le guet
de nuit... Et outre, icelle Cour enjoint et commande à tous lesdits habitans et chacun d'eulx,
qu'ils ayent à mettre à neuf heures du soir à leurs
fenestres respondantes sur la rue une lanterne
garnie d'une chandelle allumée en la manière ac-
coutumée, et que ung chacun se fournisse d'eau
en sa maison, afin de remédier promptement audit
inconvénient, se aucun en survient. »

Les lanternes ne produisirent pas d'effet bien
salutaire, car l'année suivante Paris est dévasté
par la bande de voleurs qui a été si célèbre sous
le nom de *mauvais garçons*.

En 1558, on ordonna que chaque rue serait
surveillée par un veilleur de nuit, qui allumerait
du feu « pour voir et escouter de fois et d'autre ».
On supprima en même temps les lanternes aux

fenêtres, et on les remplaça par des fallots allumés dans tous les carrefours. Quel bizarre aspect devaient offrir les rues boueuses et tortueuses de notre brillante métropole! Et quelle sécurité pouvait-il y avoir pour l'inoffensif passant perdu dans le dédale de ce sombre labyrinthe? Que dirait le bourgeois de Paris du seizième siècle, s'il jetait un regard sur la ligne lumineuse de nos boulevards, et s'il voyait cette rangée de becs de gaz qui lancent de toutes parts mille rayons lumineux, semblables à une constellation géométrique d'étoiles! Quel ne serait pas surtout son étonnement, quand il apprendrait la source merveilleuse de cette illumination féerique!

Tous les règlements les plus scrupuleux se heurtèrent contre une infinité d'obstacles, et la coalition des malfaiteurs, amis de l'ombre, combattait hardiment l'envahissement de la lumière. Les falots et les veilleurs n'empêchaient pas les bandits d'accomplir leur crimes, comme nous le prouve l'accueil enthousiaste fait, le siècle suivant, à l'institution des *porte-flambeaux*, qui reconduisaient chez eux les habitants attardés. C'est l'abbé Laudati qui créa cette institution en 1665, après avoir obtenu du jeune roi Louis XIV un privilége de vingt ans, « aux charges et conditions que tous les flambeaux dont se serviraient les commis seraient de bonne cire jaune, achetés chez les épiciers de la ville, ou par eux fabriqués et

marqués des armes de la ville. » Ces cierges étaient
divisés en portions de cinq sous, et, moyennant
une faible rétribution, les *porte-flambeaux*, armés
de leur fanal, accompagnaient les citadins jusqu'à
la porte de leur demeure.

Le 2 décembre 1667 est une date mémorable
dans l'histoire de l'éclairage, c'est celle de l'apparition d'une ordonnance célèbre qui prescrit d'é-
tablir, à poste fixe, des lanternes dans toutes les
rues. Il y a donc deux siècles environ que prit
naissance le premier système régulier d'éclairage.
Il avait fallu bien des années pour arriver à ce
progrès si simple, et bien des années allaient
suivre sans qu'on songeât à l'améliorer sensiblement. Le dix-huitième siècle ne s'occupa guère
des lumières nocturnes, et le règne de Louis XV
ne fit rien pour l'éclairage.

A la fin du siècle dernier, Lavoisier nous enseigne que Paris était éclairé par six mille six cents
chandelles; aujourd'hui plus de cent mille becs
de gaz s'allument chaque soir au milieu de notre
brillante métropole, et, dans un siècle d'ici,
l'historien à venir rira peut-être de nos procédés élémentaires et raillera les hommes d'aujourd'hui, comme nous nous moquons de nos
pères !

Depuis Lavoisier, des industriels, devenus célèbres, perfectionnèrent singulièrement les appareils d'éclairage, et notre siècle a déjà inventé,

comme on le sait, bien des lampes ingénieuses. Lampes Carcel et lampes-modérateurs, bougies de stéarine, et bougies de paraffine, pétrole et essences minérales, ont rapidement pris naissance après les premiers systèmes devenus célèbres d'Argant et de Quinquet. Quelque intérêt que puissent offrir ces instruments ingénieux, quelque instructive que soit l'histoire de ces modestes inventeurs, qui ont rendu bien des services à leur époque, nous les passerons sous silence pour ne pas sortir des limites de notre cadre, et nous nous arrêterons seulement devant le créateur immortel de l'éclairage au gaz, qui, par son génie, devait faire naître une mémorable et salutaire révolution dans l'art si précieux de produire la lumière en utilisant le charbon de terre.

Philippe Lebon, comme tant d'autres bienfaiteurs de l'humanité, n'a pas à beaucoup près la célébrité glorieuse qui devrait lui appartenir, et l'histoire qui, dans son impartialité, est souvent incomplète, a jusqu'ici oublié de l'inscrire sur la liste des grands inventeurs. Quand on étudie les documents qui se rattachent à l'existence de Philippe Lebon, quand on suit pas à pas les éclairs de génie qui jaillissent dans son cerveau, quand on voit les obstacles qu'il a dû vaincre, quand on approfondit son grand caractère et les beaux sentiments qui l'animent, on reste saisi d'admiration

devant l'humble travailleur qui dota son pays d'un
si grand bienfait.

Philippe Lebon naquit à Brachay (Haute-Marne),
le 29 mai 1767 : vingt ans après, il est admis à l'É-
cole des ponts et chaussées, où il ne tarde pas à se
signaler par son esprit ingénieux et investigateur;
ses premiers travaux sont relatifs à la machine à
vapeur alors à ses débuts, et le 18 avril 1792, le
jeune ingénieur obtient une récompense nationale
de deux mille livres « pour continuer des expériences qu'il a commencées sur l'amélioration des
machines à feu ».

C'est à peu près à la même époque que Philippe
Lebon fut mis sur la voie de l'éclairage au gaz,
pendant un séjour qu'il fit à Brachay. Un jour, il
jette une poignée de sciure de bois dans une fiole
de verre qu'il chauffe sur le feu, il voit se dégager
du flacon une fumée abondante, qui s'enflamme
subitement et produit une belle flamme lumineuse. A compter de ce jour, l'industrie venait de
faire une des plus grandes et des plus utiles con-
quêtes, Philippe Lebon avait allumé la première
lampe à gaz. Quelques esprits toujours enclins à
dénigrer toute idée nouvelle, à jeter la pierre à
tout homme dans le cerveau duquel a jailli l'étincelle de l'invention, ont voulu ravir à Philippe
Lebon l'honneur qui lui revient, en disant qu'il
devait son invention au hasard; mais, pour notre
part, nous ne croyons pas à ces causes fortuites,

et nous sommes persuadé que le hasard n'accorde ses faveurs qu'au génie persévérant. N'est-ce pas aussi le hasard qui fit tomber une pomme sous les yeux de Newton, et qui le conduisit par sa chute à méditer sur les causes de l'attraction des corps ? Mais est-ce le hasard qui ouvrit, à l'illustre génie, les secrets de la gravitation des mondes ? Bien souvent les rafales du nord détachent des pommes de leurs tiges ; mais il ne se trouve pas souvent là un Newton pour les ramasser !

Que de chimistes, avant Philippe Lebon, avaient vu brûler du bois ou de la houille ! Mais pas un jusque-là n'avait compris ce que contenait ce fait si simple en apparence. Que d'hommes ont regardé le couvercle d'une bouilloire se soulever sous les efforts de l'ébullition ! Mais il n'y a que Watt qui ait deviné la machine à vapeur dans cette observation si simple. Il appartient au génie seul de comprendre l'avenir, et de discerner par une intuition merveilleuse ce qui est propre à grandir, en négligeant ce qui n'est pas viable. En quelques jours, Philippe Lebon comprit l'importance de l'expérience qu'il venait de faire, et, avec le coup d'œil de l'esprit supérieur, il résolut de se mettre à l'œuvre. Il venait de constater que le bois et les combustibles pouvaient dégager, sous l'action de la chaleur, un gaz propre à l'éclairage et au chauffage Il avait vu que le gaz qui se dégage du bois calciné est accompagné de vapeurs noirâtres d'une

odeur âcre et empyreumatique. Pour qu'il pût
servir à produire la lumière, il fallait le débarrasser de ces produits étrangers. Lebon fit passer les vapeurs par un tuyau de dégagement,
dans un flacon rempli d'eau qui condensait les
matières goudronneuses ou acides, et le gaz s'é-
chappait à l'état de pureté ; ce modeste appareil est la première image de l'usine à gaz : il en
comprend les trois parties essentielles, appareils
de production, système de purification, et récipient pour recueillir le gaz.

Philippe Lebon continua à la campagne ses premières expériences ; il travailla lui-même avec une
ardeur fébrile à construire un appareil en briques
où se distillait le bois ; il façonna grossièrement
un épurateur à eau où se condensaient le goudron
et l'acide acétique. A la sortie de cette cuve, le
gaz s'échappait à l'extrémité d'un tube ; il y brûlait, et les voisins émerveillés venaient admirer
cette belle lumière qui se produisait si facilement
sous leurs yeux.

Un an après, l'inventeur avait vu Fourcroy, de
Prony, et les grands savants de son époque ; le
6 vendémiaire an VIII (28 septembre 1799), il prend
un brevet d'invention, où il donne la description
complète de sa *thermolampe*, au moyen de laquelle
il produit un gaz de l'éclairage lumineux, en même
temps qu'il fabrique du goudron de bois et de
l'acide pyroligneux ou acétique. Dans son brevet

il mentionne *la houille* comme propre à remplacer le bois, il expose son système avec une émotion visible et une ardeur singulière ; en lisant ce qu'il a écrit, on est frappé de cette forme de persuasion qui ne permet pas de douter qu'il présageait l'avenir réservé à son système !

Malheureusement Philippe Lebon ne pouvait consacrer tout son temps à sa découverte ; ingénieur des ponts et chaussées, sans argent et sans fortune, il fallait accomplir ses fonctions. Il se rend, comme *ingénieur ordinaire*, à Angoulême ; mais il n'arrive pas à oublier son gaz d'éclairage, et il regrette vivement Paris, qu'il appelle « un incomparable foyer d'étude ». Il s'occupe de mathématiques et de science, il se fait aimer de tous, et son esprit erre bien loin de ses occupations journalières. L'ingénieur en chef ne tarde pas à se plaindre de Philippe Lebon, il le jalouse, car il sent dans ce jeune homme un esprit supérieur, et peut-être un confrère embarrassant ; il cache une perfidie sous une estime apparente, et cherche à le faire destituer de ses fonctions. Tout occupé de son projet d'éclairage, Philippe Lebon quittait souvent Angoulême pour retourner à Brachay, où il perfectionnait sans cesse sa chère découverte ; son ingénieur en chef s'était plaint de son inexactitude, et ses dénonciations valurent une enquête contre Lebon. Une commission, nommée pour examiner les griefs qu'on avait articulés contre lui, déclara « qu'il était à l'abri de tout reproche ». Du reste, la lettre suivante, que Philippe Lebon écrivit au ministre, peint parfaitement le caractère plein de grandeur de notre inventeur :

« Ma mère, écrit Philippe Lebon au ministre, venait de mourir ; par suite de cet événement, j'ai été forcé de me rendre précipitamment à Paris... Tel est le caractère de ma faute. L'amour des sciences et le désir d'être utile l'a encore aggravée. J'étais tourmenté du besoin de perfectionner quelques découvertes... Enfin j'avais eu le bonheur de réussir, et d'un kilogramme de bois j'étais parvenu à dégager, par la simple chaleur, le gaz inflammable le plus pur, et avec une énorme économie et une abondance telle, qu'il suffisait pour éclairer pendant deux heures avec autant d'intensité de lumière que quatre à cinq chandelles. L'expérience en a été faite en présence du citoyen Prony, directeur de l'École des ponts et chaussées; du citoyen Lecamus, chef de la troisième division; du citoyen Besnard, inspecteur général des ponts et chaussées ; du citoyen Perard, un des chefs de l'École polytechnique... J'étais heureux, parce que je me promettais de faire hommage au ministre du fruit de mes travaux; un mémoire, qui avait déjà obtenu l'approbation du citoyen Prony et de plusieurs savants, sur la direction des aérostats, devait également vous être présenté lorsque les mêmes affaires m'ont rappelé à Paris. Il fallait qu'elles fussent bien impérieuses pour m'arracher à des occupations qui faisaient mes délices ! Mais qu'elles seraient affreuses, si elles me forçaient d'abandonner un corps dans lequel les chefs ont bien voulu couronner mes premiers efforts par les divers prix, et me confier le soin d'y professer successivement toutes les parties des sciences suivies dans l'École des ponts et chaussées ! Je ne puis me persuader que les circonstances où je me trouve, la fureur de cultiver les sciences, d'être utile à la patrie et de mériter l'approbation d'un ministre qui ne cesse de les cultiver, d'exciter, d'appeler et d'encourager les sciences, et qui m'a même rendu en quelque sorte coupable, puissent me faire encourir une peine aussi terrible. Je vais me rendre à Paris : la plus affreuse inquiétude m'y conduit, mais l'espérance m'y accompagne. »

Philippe Lebon fut renvoyé à son poste ; mais la guerre décimait les ressources de la France, et la République, pendant que Bonaparte était en Italie, n'avait plus le temps de payer ses ingénieurs. Lebon écrivit au ministre des lettres pressantes pour rentrer dans les sommes dues sur ses émoluments ; mais toutes les lettres restaient sans réponse. Sa femme vint à Paris, et ses démarches furent infructueuses ; elle écrivit elle-même au ministre la lettre suivante qui existe dans les archives de l'École des ponts et chaussées :

Liberté, Égalité. — *Paris, 22 messidor an VII de la République française une et indivisible.* — *La femme du citoyen Lebon au citoyen ministre de l'Intérieur.*

« Ce n'est ni l'aumône ni une grâce que je vous demande, c'est une justice. Depuis deux mois, je languis à cent vingt lieues de mon ménage. Ne forcez pas, par un plus long délai, un père de famille à quitter, faute de moyens, un état auquel il a tout sacrifié... Ayez égard à notre position, citoyen ; elle est accablante et ma demande est juste. Voilà plus d'un motif pour me persuader que ma démarche ne sera pas infructueuse auprès d'un ministre qui se fait une loi et un devoir d'être juste.

« Salut et estime. Votre dévouée concitoyenne,

« Femme LEBON, née DE BRAMBILLE. »

En 1801 Philippe Lebon est appelé à Paris, comme attaché au service de Blin, ingénieur en chef du pavage. Il prend un second brevet, qui est un véritable mémoire scientifique plein de faits et d'idées. Il parle des applications nombreuses du gaz de l'éclairage et de son mode de production, il jette les bases de toute la fabrication : fourneau de distillation, appareils condenseurs et épurateurs, brûleurs de gaz dans des becs fermés, rien n'est oublié, pas même la machine à vapeur et les aérostats. Lebon propose au gouvernement de construire un appareil pour le chauffage et l'éclairage des monuments publics ; mais cette offre est rejetée. C'est alors que l'infortuné inventeur, lassé de toutes ses tentatives, fatigué de ces mille déboires, ne songe plus qu'à recourir au public pour convaincre de l'utilité merveilleuse de son invention. Il loue l'hôtel Seignelay, rue Saint-Dominique-Saint-Germain ; il y appelle le public. Il y fait disposer un appareil à gaz qui distribue la lumière et la chaleur dans tous les appartements et dans la cour, il éclaire les jardins par des milliers de jets de gaz sous forme de rosaces et de fleurs. Une fontaine était illuminée par le nouveau gaz, et l'eau qui en ruisselait paraissait lumineuse. La foule accourt de toutes parts et vient saluer l'invention nouvelle. Philippe Lebon, excité par ce succès, publie un prospectus, sorte de profession de foi, modèle de grandeur et de sincérité, véritable monument d'une étonnante prévision. Il suit ce gaz dans l'avenir et le voit circuler dans les vastes tuyaux d'où il jettera la lumière dans toutes les rues des capitales futures. Nous reproduisons quelques passages de cette pièce remarquable :

« Il est pénible, dit-il, et je l'éprouve en ce moment, d'avoir des effets extraordinaires à annoncer ; ceux qui n'ont point vu se récrient contre la pos-

sibilité; ceux qui ont vu jugent souvent de la
facilité d'une découverte par celle qu'ils ont à en
concevoir la démonstration. La difficulté est-elle
vaincue, avec elle s'évanouit le mérite de l'invention; au reste, j'aime mieux détruire toute idée de
mérite, plutôt que de laisser subsister la plus légère apparence de mystère ou de charlatanisme.

« Ce principe aériforme, nous dit-il, en parlant
du gaz de l'éclairage, est dépouillé de ces vapeurs
humides, si nuisibles et désagréables aux organes
de la vue et de l'odorat, de ce noir de fumée qui
ternit les appartements. Purifié jusqu'à la trans-
parence parfaite, il voyage dans l'état d'air froid,
et se laisse diriger par les tuyaux les plus petits
comme les plus frêles ; des cheminées d'un pouce
carré, menagées dans l'épaisseur du plâtre des
plafonds ou des murs, des tuyaux même de taffe-
tas gommé, rempliraient parfaitement cet objet.
La seule extrémité du tuyau, qui, en livrant le
gaz inflammable au contact de l'air atmosphérique,
lui permet de s'enflammer et sur lequel la flamme
repose, doit être de métal.

« Par une distribution aussi facile à établir, un
seul poêle peut dispenser de toutes les cheminées
d'une maison. Partout le gaz inflammable est prêt
à répandre immédiatement la chaleur et la lumière, les plus vives ou les plus douces, simulta-
nément ou séparément suivant vos désirs ; en un
clin d'œil, vous pouvez faire passer la flamme

d'une pièce dans une autre ; avantage aussi commode qu'économique, et que ne pourront jamais
avoir nos poêles ordinaires et nos cheminées.
Point d'étincelles, point de charbons, point de suie
qui puissent vous inquiéter, point de cendres,
point de bois qui salissent l'intérieur de vos appartements ou exigent des soins. Le jour, la nuit,
vous pouvez avoir du feu dans votre chambre sans
qu'aucun domestique soit obligé d'y entrer pour
l'entretenir ou surveiller ses effets dangereux.
Rien ici, pas même la plus petite portion d'air inflammable, ne peut échapper à la combustion ;
tandis que, dans nos cheminées, des torrents s'y
dérobent et même nous enlèvent la plus grande
partie de la chaleur produite. Quelle abondance
d'ailleurs de lumière ! Pour vous en convaincre,
comparez un instant le volume de la flamme de
votre foyer à celle de votre flambeau. La vue de la
flamme récrée, celle des thermolampes à surtout
ce mérite ; douce et pure, elle se laisse modeler
et prend la figure de palmettes, de fleurs, de fes-
tons. Toute position lui est bonne : elle peut descendre d'un plafond sous la forme d'un calice
de fleurs, et répandre au-dessus de nos têtes une
lumière qui n'est masquée par aucun support, obs-
curcie par aucune mèche, ou ternie par la moindre nuance de noir de fumée. Sa couleur, naturellement si blanche, pourrait aussi varier et devenir
ou rouge, ou bleue, ou jaune : ainsi, cette variété

de couleurs, que des jeux du hasard nous offrent dans nos foyers, peut être ici un effet constant de l'art et du calcul...

« Pourrait-on ne pas aimer le service d'une flamme si complaisante ? Elle ira cuire vos mets, qui, ainsi que vos cuisiniers, ne seront point exposés aux vapeurs du charbon ; elle réchauffera ces mêmes mets sur vos tables, séchera votre linge, chauffera vos bains, vos lessives, votre four, avec tous les avantages économiques que vous pouvez désirer. Point de vapeurs humides ou noires, point de cendres, de braises qui salissent et s'opposent à la communication de la chaleur, point de perte inutile de calorique ; vous pouvez, en fermant une ouverture qui n'est plus nécessaire pour introduire le bois dans votre four, comprimer et coërcer des torrents de chaleur qui s'en échappaient. »

Tout le monde rend enfin hommage à l'illustre inventeur, et une commission, nommée au nom du ministre, déclare que « les résultats avantageux qu'ont donnés les expériences du citoyen Lebon ont comblé et même surpassé les espérances des amis des sciences et des arts ». Napoléon Ier accorda bientôt à Philippe Lebon une concession dans la la forêt de Rouvray, pour organiser l'industrie de la distillation du bois et de la fabrication du gaz de l'éclairage. Malheureusement Lebon fut obligé d'entreprendre trop de choses à la fois ; il prépara le gaz, produisit de l'acide acétique et du goudron qu'il devait expédier au Havre pour le service de la marine. Malgré toutes ses peines et ses fatigues, il eut alors comme un rayon d'espérance; il crut voir enfin se lever le jour de la fortune ; son usine fut visitée par de nombreux savants, et entre autres les princes russes Galitzin et Dolgorowski, qui proposèrent à l'inventeur, au nom de leur gouvernement, de transporter ses appareils en Russie, en le laissant maître d'établir les conditions. Philippe Lebon repousse ces offres brillantes, et, dans un bel élan de patriotisme, il répond que sa découverte appartient à sa patrie, et que nul autre pays ne doit bénéficier de ses travaux.

Les espérances de Lebon ne furent pas de longue durée; des ennemis et des concurrents lui causèrent mille ennuis, et les éléments eux-mêmes semblèrent se tourner contre lui. Pendant un ouragan, l'humble maison qu'il habitait fut dévastée; le feu quelque temps après dévora une partie de son usine. La fatalité, comme le génie antique, paraissait s'acharner après l'infortuné inventeur; mais les malheurs et les revers ne pouvaient avoir prise sur cet esprit invincible, si bien secondé par une femme aussi ferme que méritante. Philippe Lebon toujours à l'œuvre allait peut-être triompher de tous les obstacles, et l'heure où la réalisation de ses projets d'éclairage en grand était proche, quand une mort aussi tragique que mystérieuse vint l'arracher à ses travaux.

Le jour même du couronnement de l'empe
le 2 décembre 1804, on trouva le corps de Phi
Lebon gisant, inerte et sans vie, dans les Cha
Élysées ; treize coups de poignard y avaien
vert de profondes blessures ! (fig. 20.)

Quelques mois auparavant, l'infortuné i
teur, plein de feu et d'enthousiasme disait
concitoyens de Brachay : « Mes bons amis,
peu je vous éclairerai, je vous chaufferai d
ris à Brachay. » Cela était possible en effet ;
les bonnes gens haussaient les épaules et s
saient : « Il est fou. » Il était bien fou en effe
est vrai que la folie et le génie se touchent
près : mais c'était un de ces fous dont par
poëte.

> Combien de temps une pensée,
> Vierge obscure, attend son époux !
> Les sots la traitent d'insensée,
> Le sage lui dit : Cachez-vous !
> Mais, la rencontrant loin du monde,
> Un fou qui croit au lendemain
> L'épouse ; elle devient féconde
> Pour le bonheur du genre humain.

Philippe Lebon était bien un de ces fous
par le Béranger ; lui aussi avait épousé une gr
pensée ; il vécut malheureux, il mourut vic
du plus odieux attentat ; et son nom doit venir
jouter à la liste déjà longue des martyrs
science ! Aujourd'hui son œuvre a grandi,
germe qu'il a semé dans le champ des d

Fig. 20. — Mort de Philippe Lebon.

vertes a prospéré, sa grande et sympathique figure
est une de celles qu'on ne doit pas oublier. Il nous
reste de lui des portraits qui nous retracent l'é-
clat de ses yeux brillants et méditatifs. Visage
pâle et expressif, cheveux longs et plaqués sur le
front, taille mince, élégante et courbée légèrement
par le travail. Ame ardente et loyale, cœur con-
fiant et généreux ; facile à tromper, car il ne voyait
pas le mal ; prompt à aimer, car il ne regardait que
le bien. Telle est l'image de Philippe Lebon. On
peut dire de lui ce que Voltaire disait de son héros
Zadig : « On l'admirait et cependant on l'aimait. »
On peut encore résumer sa vie par cette phrase
d'un de ses admirateurs : « Il sut acquérir plus
d'estime que de fortune. »

Sa veuve, après sa mort, obtint une pension de
1,200 francs, et elle voulut continuer l'œuvre de
son mari ; malgré ses efforts et sa persévérance,
elle dépensa en vain toute son énergie, qui ne put
résister à de nouveaux obstacles et à d'autres malheurs.

Pendant que Philippe Lebon échouait en France,
pendant que ses idées nouvelles ne trouvaient, au
lieu d'encouragements et d'appuis, que des difficultés et des obstacles, un ingénieur anglais, William Murdoch, qui avait appris les résultats merveilleux obtenus par l'inventeur français, les
mettait en pratique de l'autre côté de la Manche.

On n'a pas manqué de dire que Murdoch était le véritable créateur de l'industrie nouvelle, et qu'il fut le premier à distiller la houille. N'oublions pas que Philippe Lebon mentionne avant lui la houille dans son brevet, mais qu'il ne songea pas à utiliser ce produit dans un pays où les forêts abondent, où les bois sont si répandus. Des questions de nationalité se sont trouvées engagées dans cette occurrence, et des écrivains n'ont pas manqué de se faire la guerre à grands coups d'arguments et de preuves. Détournons les regards de ces discussions inutiles, pour suivre la marche de l'histoire; les grands hommes n'ont pas de patrie, et les peuples profitent également de toutes les découvertes, qu'elles soient nées sous leur ciel ou ailleurs. William Murdoch est un grand ingénieur qui, lui aussi, a doté son pays de grandes découvertes; il réussit le premier à produire en grand le gaz de l'éclairage de la houille; la gloire qui doit lui revenir ne ternit en rien celle de Philippe Lebon !

Du reste, l'origine des grandes découvertes a toujours été discutée avec passion, et on a prétendu que d'autres inventeurs avaient trouvé le gaz de l'éclairage bien avant Murdoch et Philippe Lebon. Le fait suivant, que nous avons trouvé dans les *Philosophical Transactions* de Londres, nous paraît de nature à être rapporté; car il tendrait à faire admettre que le gaz de la houille a été découvert dans la première moitié du dix-huitième siècle. « Le docteur Clayton, est-il dit dans ce journal (1759), ayant imaginé de distiller à feu nu, dans une cornue, une certaine quantité de charbon de terre, obtint d'abord du *phlegme*, puis une *substance noire huileuse*, et enfin un *gaz (spirit)* qu'il ne put parvenir à condenser, mais qui s'échappa soit en séparant le lut, soit en brisant les vases. Un certain jour l'expérimentateur, s'étant approché avec une lumière, pour empêcher, au moyen du nouveau lut, la fuite du gaz, remarqua que le produit prenait feu à l'approche du corps en ignition. Surpris de ce phénomène, il modifia son apreil, et obtint ainsi un gaz qui s'alluma et continua à brûler, sans que toutefois il pût reconnaître ce qui alimentait la flamme... »

Il est certain, d'après ce récit, que ce docteur Clayton entrevit le gaz de la houille ; mais il ne sut pas expliquer son expérience, il n'en comprit nullement l'importance, et ne continua pas des essais qui seraient devenus fructueux s'il avait persévéré. Le véritable inventeur est celui qui sait *comprendre* ce qu'il a trouvé, et, si l'on cherchait scrupuleusement l'origine des grandes découvertes, on verrait qu'il n'y a jamais rien eu de nouveau sous le soleil. Attribuer à une expérience fortuite et délaissée l'origine de la fabrication du gaz de la houille, c'est tomber dans l'erreur de ceux qui regardent Hiéron d'Alexandrie comme l'inventeur de la machine à vapeur, parce qu'il faisait agir un simple éolipyle avec le secours de la vapeur d'eau.

En 1797, Murdoch éclaira sa propriété de Old-Gunnoch au moyen du gaz provenant de la distillation de la houille en vase clos, puis il disposa chez Watt un appareil grossier qui ne conduisit à aucun résultat sérieux. Une cornue de fonte était remplie de houille, et les vapeurs qui n'étaient soumises à aucune purification devaient directement servir à l'éclairage ; on ne s'étonnera pas en apprenant que ce système primitif ne put répondre en aucune façon aux espérances de Murdoch (fig. 21).

C'est seulement en 1805 que cet ingénieur parvint à installer définitivement l'éclairage au gaz dans l'usine de James Watt, puis, peu de temps après, dans une filature de lin à Manchester. Le nouveau système commençait à occuper sérieusement les esprits, et il allait appartenir à Samuel Clegg de le perfectionner singulièrement. Cet esprit ingénieux résolut de purifier le gaz, afin de le débarrasser des substances étrangères qui en altéraient la limpidité ; il le fit barbotter dans de l'eau de chaux, et lui enleva ainsi l'acide carbonique et l'hydrogène sulfuré qui le souillaient ; il plaça la chaux dans un appareil spécial, distinct du gazomètre, qu'il appela *dépurateur*. Malgré ces

précautions, le gaz de la houille, encore insuffi-
samment purifié, ne valait pas celui que Philippe
Lebon préparait dix ans auparavant : ses inconvénients étaient nombreux ; son odeur était fé-

Fig. 21. — Appareil de distillation de Murdoch.

tide, il noircissait les pièces qu'il éclairait, et
l'accueil qui lui fut réservé ne semblait pas favo-
rable à son avenir.

Pour faire passer la préparation de ce gaz de

l'usine privée à la fabrication publique, pour lui ouvrir la porte de toutes les fabriques, le faire admettre par les gouvernements, le faire agréer de tous, il fallait un homme extraordinaire, doué d'une énergie peu commune; c'est l'occasion qui crée les hommes, et c'est le gaz de Murdoch qui suscita Windsor. — Windsor était le spéculateur hardi par excellence, l'industriel audacieux, remuant, actif, qui ne doute de rien, que les résistances excitent au lieu d'abattre, que les objections animent. Windsor paraît armé de promesses extravagantes, d'affirmations téméraires; mais sa conviction est si grande qu'il impose la conviction; il faut que l'opinion publique cède à ses espérances et applaudisse à ses desseins. Windsor veut fonder une *Compagnie nationale pour le chauffage et l'éclairage*; il lance des actions de 100 francs, qui rapporteront, à ce qu'il affirme, 12,000 francs d'un revenu annuel, qui, dix ans après, sera décuplé! Le capital de 1,250,000 francs demandé par Windsor est immédiatement souscrit; mais les actionnaires attendent encore leur fabuleux revenu : tous les fonds sont engloutis, absorbés par les premières expériences. Windsor ne perd pas sa ferme assurance; il convoque ses actionnaires, leur expose sa situation et leur promet d'arriver à éclairer les principales rues de Londres; par sa remuante activité, il conquiert chaque jour de nouveaux partisans;

quand il se présente devant la commission d'enquête de la chambre des communes, on le voit
répondre à toutes les objections. Il fait venir devant la chambre des communes une délégation de
vernisseurs qui employaient l'asphalte naturel,
et qui affirment que le goudron ou l'asphalte du
gaz est bien supérieure. Des teinturiers affirment
que les eaux ammoniacales, provenant des épurateurs, sont préférables pour leurs usages à toutes
les préparations analogues; un chimiste annonce
que l'ammoniaque, extrait de la houille, peut,
comme le fumier, enrichir le sol, et que le coke,
formant le résidu de la fabrication de Windsor, est
le premier des combustibles.

En 1810, Windsor, en possession d'un privilége de Georges III, organise enfin la compagnie
du gaz au capital de 12 millions.

Peu de temps après, Samuel Clegg reparaît encore, il vient d'inventer le *barillet* qui condense le
goudron dans la fabrication du gaz, et il établit
des appareils d'éclairage dans un grand nombre
d'usines. Il donne le gaz gratis à tous les marchands qui veulent l'accepter; mais on redoute les
incendies et les explosions; les tuyaux de gaz
devaient s'échauffer et incendier les maisons; le
gaz était délétère et allait asphyxier tous les habitants de Londres; les savants l'affirmaient, il fallait bien le croire. Hélas! ils n'ont jamais manqué
ces savants rébarbatifs, qui dénigrent à l'avance

toute invention nouvelle, qui disent que le gaz
de l'éclairage est d'un emploi impossible, que les
locomotives sont une utopie et que le câble trans-
atlantique ne fonctionnera pas plus de quinze
jours!

Samuel Clegg veut construire des gazomètres
un peu puissants; on lui dit que c'est folie, et on
lui interdit de placer de foudroyants arsenaux aux
portes d'une ville. Indigné, Samuel Clegg réunit
une commission, qu'il fait venir devant un de ses
gazomètres; il se fait apporter un foret, et il perce
la paroi métallique. Voilà le gaz qui s'en échappe;
il allume une torche et l'approche hardiment du
jet rapide qui s'écoule à flots! Plusieurs des savants présents se sauvent frappés de stupeur; mais
ils ne tardent pas à avoir honte de leur terreur;
Samuel Clegg, debout et impassible, est toujours
auprès du gazomètre, qui ne fait nullement explosion, à l'étonnement général. C'est encore ce hardi
pionnier de la science qui ordonne à des éclaireurs
d'allumer les lampes à gaz qu'il a fait établir sur
le pont de Westminster : les ouvriers s'y refusent;
ils redoutent des explosions dont ils seraient victimes. Samuel Clegg saisit une lumière, et, devant
toute la foule, il allume lui-même ses réverbères.

Avec de tels hommes et de tels faits, le succès
ne pouvait plus être douteux, et, en 1823, il y
avait à Londres plusieurs compagnies puissantes
qui produisaient le gaz de l'éclairage. Windsor à

lui seul avait déjà fait poser une longueur considérable de tuyaux sous les pavés de Londres.

Cet homme vraiment extraordinaire avait accompli sa tâche en Angleterre; né pour la lutte,
il ne savait pas rester inactif, et, comme le conqué-
rant qui n'a jamais assez de victoires, il songeait
à recueillir ailleurs de nouveaux succès; après
avoir réussi dans son pays, il jette ses regards
sur la France, et s'engage résolûment à reprendre
le combat contre l'ignorance, la routine et les préjugés. En 1815, Windsor vint à Paris, au milieu des
troubles des Cent jours, au moment où le nom de
l'empereur était encore sur toutes les bouches et
tenait attentifs tous les esprits. Le 1ᵉʳ décembre 1815, il obtient le brevet d'importation qu'il
avait demandé, et il songe aussitôt à mettre ses
vues en pratique, à organiser un système régulier d'éclairage au gaz, espérant que l'expérience
qu'il a déjà acquise lui permettra de triompher
rapidement, et que la série des déboires à travers
laquelle il a déjà passé lui fera supporter avec plus
de calme les nouveaux obstacles qu'il doit attendre.
Déception et illusion! La résistance fut encore
plus vive à Paris qu'elle ne l'avait été à Londres,
et les préjugés publics plus âcres et plus injustes.
Il se forme contre Windsor toute une coalition formidable et terrible, armée d'arguments sans valeur,
qui deviennent de redoutables empêchements.
C'est à qui jettera la pierre au gaz hydrogène,

c'est à qui maudira l'invention nouvelle ; mille cris d'indignation s'élèvent de toutes parts contre l'audacieux étranger qui vient se jouer du public, contre ce fou qui veut éclairer Paris avec du charbon, contre ce spéculateur qui n'ambitionne que l'argent de la France. On disait que les houilles du continent étaient impropres à produire le gaz, on disait que cette invention maudite allait tuer l'agriculture en France en ruinant le commerce des plantes oléagineuses, on s'écriait que mille dangers menaçaient les habitants de notre métropole s'ils consentaient à faire usage d'un produit explosible et malsain. Clément Désormes, manufacturier des plus considérés, monte sur la brèche et lance l'imprécation contre Windsor ; Charles Nodier lui-même se met de la partie, et accable l'ingénieur anglais sous les coups d'une perfide raillerie. Nous aurions voulu dissimuler cette odieuse croisade, honteuse pour notre pays, et taire les noms de ces ennemis hostiles et malveillants qui, faute de bon sens ou de raisonnement, ont cherché à étouffer dans son berceau la découverte la plus salutaire et la plus féconde. Charles Nodier surtout se montra écrasant par ses reparties amusantes et perfides, et son esprit si fin en fit un des plus redoutables adversaires du gaz hydrogène. — Aimable auteur des contes fantastiques, vous auriez mieux fait de rester avec les feux follets et les gnomes que vous animiez avec tant de poésie, et vous auriez dû brûler ces pamphlets qui ont si longtemps arrêté une découverte utile. On accorde le titre de bienfaiteurs de l'humanité aux hommes qui rendent d'importants services à la société; que ne blâme-t-on sévèrement ceux-là qui cherchent à anéantir l'utopie d'aujourd'hui qui demain sera l'invention féconde !

Heureusement que les coups de flèche n'atteignaient pas l'invincible Windsor; il savait à l'avance qu'il ne gagnerait pas la partie en s'adressant à l'esprit, il préféra attaquer les yeux. Il organisa, au passage des Panoramas, un établissement éclairé au gaz, et le public intelligent vint admirer cette vive lumière, en dépit des Clément Désormes et des Charles Nodier. Fonder une compagnie au capital de 1,200,000 francs, éclairer tout le passage des Panoramas et d'autres rues fut pour Windsor un jeu ; mais cet homme si audacieux manquait des qualités nécessaires pour diriger une exploitation industrielle, et, à Paris comme à Londres, il dépensa infructueusement le capital de ses actionnaires. L'année suivante, en 1817, un ingénieur français construisit une usine à gaz en miniature dans la rue des Fossés-du-Temple, l'entreprise échoua. Près de l'Hôtel-de-Ville, un intelligent limonadier fut plus heureux; il distilla la houille dans sa cave, éclaira son établissement au gaz, et le *café du gaz hydrogène* fit fortune.

En 1818, le préfet de la Seine, M. de Chabrol, établit de nouvelles cornues à gaz dans l'intérieur de l'hôpital Saint-Louis ; mais, à cette époque, Clément Désormes publia une brochure contre l'éclairage au gaz, et son opuscule eut une influence désastreuse sur l'extension de cette grande industrie.

« Priver, dit Clément Désormes, l'humanité de la découverte la moins importante en la repoussant injustement, serait une action bien coupable sans doute ; mais adopter tout ce qui se présente avec l'attrait de la nouveauté, recommander, exécuter tous les procédés nouveaux, sans une étude approfondie de leur utilité, ce ne serait pas discerner le bon du mauvais, ce serait courir le risque de mal faire et de diminuer la richesse au lieu de l'augmenter. Personne n'a peut-être porté plus loin que moi les espérances que l'humanité peut encore avoir, et personne n'a une plus haute idée des succès que l'avenir réserve aux hommes de génie ; mais je sais aussi quels risques immenses leur offre la nature des choses, et je ne crois à l'utilité qu'après démonstration. Quels moyens avons-nous d'acquérir cette certitude ? L'expérience, les discussions qu'elle amène et les conséquences qu'on en peut tirer. »

Après ce perfide préambule, l'auteur démontre avec une grotesque certitude que le gaz de l'éclairage est une plaisanterie, et que jamais il ne pourra

être usité en grand. En lisant son mémoire, on est
ébahi de tant d'aplomb, et, comme le héros de
Corneille, on en « reste stupide ».

Du reste ce qui est grand triomphe, et ce qui
est puissant sait vaincre ; il est de ces forces nais-
santes qui s'imposent d'elles-mêmes, et qui percent la routine et l'erreur. A côté des railleurs et
des charlatans de la science, n'y a-t-il pas le public qui examine, le peuple qui apprécie, et qui
fait justice des calculs des faux savants, ou des
manœuvres de jaloux industriels ? L'éclairage au
gaz, force nouvelle et bienfaisante, allait aussi
s'imposer en dépit de ses ennemis et de ses calomniateurs.

Le 1er janvier 1819, quatre lanternes à gaz éclai-
rèrent la place du Carrousel, et jetèrent leurs brillants rayons de lumière sur une foule innombrable
qui, enthousiaste et convaincue, applaudit à l'invention si longtemps étouffée. Le bon sens du
peuple fit, en un jour, ce que n'avaient pu faire
une poignée d'inventeurs et de persévérants chercheurs. A compter de cette heure mémorable, le
gaz avait reçu la sanction publique, et des usines
importantes se fondent à Paris.

Si l'on veut que l'histoire du passé soit un miroir utile, qu'on y regarde sans passion, et qu'on
y voie les effets des jugements précipités. Philippe Lebon, Windsor, Samuel Clegg, les hommes

d'aujourd'hui vous saluent avec respect, et v
écoutent avec recueillement ; vos contempor.
vous ont haïs, parce que vous apparaissiez ar
d'une vérité nouvelle, parce que vous teniez :
main la lumière qui dissipe les ténèbres et
confond l'erreur; mais si, du fond de vos tombe
vous pouvez apercevoir les lignes de feu qui s'a
ment chaque soir dans nos cités, les constellati
brillantes qui nous égayent de leurs rayons é
celants, comme vous devez avoir pitié de vos
tracteurs et de vos ennemis ! — Vous espe
sans doute que votre histoire protégera l'invent
futur et que des calomniateurs n'oseront plus
confondre. — Détrompez-vous ! la découverte
demain rencontrera la même hostilité que la déc
verte d'hier ; le fiel et le venin ne sont encore
taris dans la bouche des envieux. Il ne man
jamais d'hommes pour arrêter l'esprit qui s'é
au-dessus du niveau commun, pour lui imp
malheur, privation, et déboires. L'infortune
déception seront demain comme hier la ran
du génie !

CHAPITRE VI

L'USINE A GAZ

L'arsenal de la lumière. — Les batteries en activité. — Le barillet. — Le jeu d'orgue. — Le condenseur et l'épurateur. — Les
gazomètres.

La houille n'est pas la seule matière qui fournisse le gaz de l'éclairage par sa distillation ; le
bog head, substance bitumineuse d'origine natu-
relle, peut encore être employé à cet usage; les résidus végétaux, les huiles, les graisses, la résine,
seraient encore utilisés pour le même usage
si leur prix de revient n'était trop élevé. La
houille, comme nous allons le voir, donne en premier résidu le coke, dont la vente couvre presque
le prix d'achat de la matière première; elle produit une série d'autres substances que l'industrie
a su utiliser, c'est elle qui présente les meilleures
conditions pour la production économique du gaz
de l'éclairage.

Rien n'est plus imposant et plus mouvementé

que l'usine à gaz où se distille constamment le
charbon de terre, où des milliers d'ouvriers travaillent sans cesse à produire la lumière. La compagnie parisienne fabrique aujourd'hui le gaz dans
dix usines qui entourent notre brillante métropole, et nuit et jour le combustible fossile y subit
ses transformations merveilleuses. Quand on pénètre dans la grande usine de la Villette, la première chose qui frappe la vue, c'est le chemin de
fer qui arrive jusqu'aux cornues de distillation,
et qui y amène la houille sur des wagons pesants.
C'est la Belgique, c'est l'Angleterre, c'est la France
qui ont fourni ces montagnes de houille qui se
déversent dans l'usine, et que l'industrie va sou-
mettre aux métamorphoses les plus singulières.
C'est surtout pendant l'hiver que la fabrication est
le plus active, et ce seul railway jette environ
700 tonnes de charbon fossile sur le carreau de
de l'usine. La voie ferrée s'étend dans l'étage
supérieur du vaste bâtiment où sont emprison-
nées les batteries de distillation ; les wagons de
bois, chargés de charbon de terre, tournent sur
un pivot et se vident d'eux-mêmes, en amonce-
lant le combustible (fig. 22). Des ouvriers armés
de pelles jettent, sur le sol, la houille qui va être
portée à une haute température dans les cornues.

Ces cornues de terre, sont groupées au nombre
de sept dans un fourneau (fig. 23) ; huit systèmes de sept cornues semblables sont disposés

Fig. 22. — Arrivée des convois de houille à l'usine de la Villette.

les uns à côté des autres, dans un massif de maçonnerie qui n'a pas moins de 50 mètres environ
de longueur (fig. 24). En regard de ce mur en est
un autre semblable, et chaque salle de distillation reçoit le nom de batterie. Il y a à l'usine
de la Villette huit batteries qui fonctionnent nuit

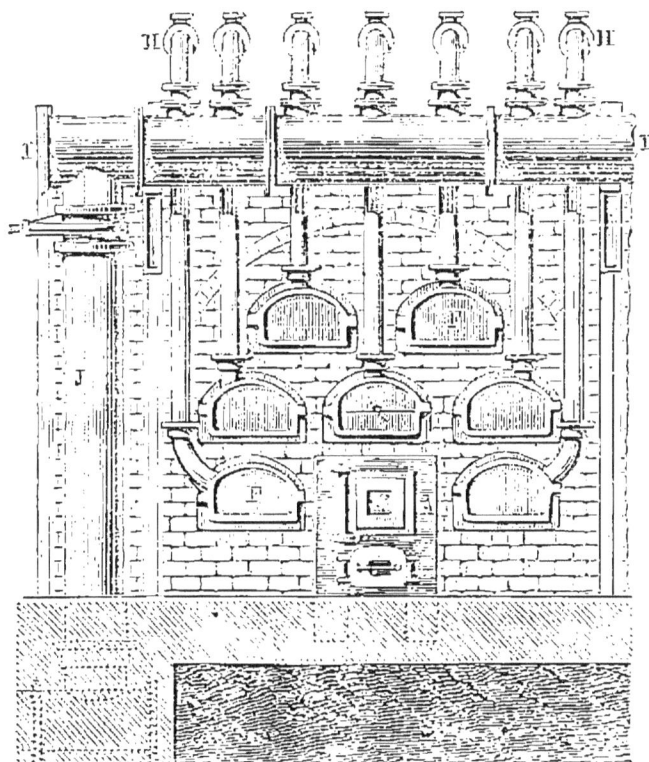

Fig. 25. — Cornues de distillation.

et jour, et qui, d'après ce que nous avons dit,
sont composées de 448 cornues de 2ᵐ,50 de profondeur.

Les ouvriers, armés de pelles, chargent les cornues avec une habileté remarquable; ils y projettent

8

la houille, et, quand elles sont pleines, ils les ferment avec une plaque de fonte, garnie d'un lut réfractaire. La houille est soumise à une température élevée, et les vapeurs qui s'en dégagent se réunissent dans un immense tuyau pour traverser toute une série d'épurateurs. L'aspect de ces vastes salles de distillation est réellement étranges, et produit un spectacle bizarre. On se croirait transporté dans les ateliers fantastiques où Vulcain travaillait le fer. Des torrents de fumée noire, épaisse, donnent naissance à des nuages opaques qui se promènent lentement au-dessus des batteries, et obscurcissent l'air en le couvrant d'un lourd manteau. La scène est éclairée par les flots de flammèches rougeâtres qui s'échappent des cornues d'où l'on retire le coke incandescent, et ces brasiers ardents offrent un singulier contraste au milieu des murs noirs, des monceaux de charbon, des hommes demi-nus tout couverts de poussière de houille. La chaleur est presque intolérable pour le visiteur peu habitué à être soumis à l'action d'un si puissant calorique, et il ne peut s'empêcher de plaindre les malheureux ouvriers qui demeurent pendant toute une journée en présence de ces feux ardents. — La fabrication du gaz n'est cependant pas insalubre, l'homme s'accoutume aisément à l'action d'une forte chaleur, et les ouvriers de l'usine à gaz jouissent généralement d'une santé robuste.

Fig. 24. — Usine à gaz de la Villette. Vue des batteries en activité.

C'est quand la distillation est terminée que l'on ouvre les cornues ; des flammes s'en dégagent au milieu d'un nuage de fumée épaisse ; des ouvriers spéciaux s'avancent avec des charrettes en fer, et à l'aide de ringards ils retirent le coke rouge qui reste en résidu. A ce moment surtout la température est excessive ; mais les hommes sont accoutumés à l'action de ce foyer, ils remplissent leurs brouettes de coke, et déversent cette substance encore rouge dans la cour de l'usine, où on l'éteint avec de l'eau. Ici encore la scène est vraiment curieuse ; le liquide, projeté sur la matière chaude, écume avec un bruit particulier, et des torrents de vapeur d'eau se répandent dans l'air en grande abondance (fig. 25). A peine les cornues sont-elles vides, que les premiers ouvriers les remplissent de nouveau, avec ordre et précision ; pas de bruit, pas le moindre désordre, dans ces vastes arsenaux de l'industrie ; pas un moment d'arrêt : le travail, l'activité en sont les caractères essentiels.

Le coke est un combustible précieux qui brûle en produisant une température très-élevée, et il peut être considéré comme un des produits importants de la distillation de la houille.

Après un certain temps de service, il se forme, contre les parois des cornues, un dépôt résistant d'un charbon très-compact que l'on désigne sous le nom de *charbon de cornue à gaz* ; cette matière est utilisée dans la confection des piles électriques, dans la fabrication de creusets réfractaires, et dans la préparation des crayons qui servent à produire la lumière électrique. Rien ne se perd dans l'usine à gaz, tous les produits qui y prennent naissance ont leur valeur et leur utilité, comme l'attesteront mieux encore les faits que nous avons à examiner dans la suite.

Les matières volatiles qui s'échappent de la cornue où l'on distille la houille sont très-nombreuses; les principales d'entre elles sont : hydrogènes protocarboné et bicarboné, hydrogène pur, oxyde de carbone, acide carbonique, hydrogène sulfuré, sulfure de carbone, sels ammoniacaux, goudron, huiles empyreumatiques diverses.

Le mélange gazeux ainsi formé n'a qu'un faible pouvoir éclairant ; il est doué d'une odeur infecte ; il noircit les peintures, les tableaux, les dorures ; il brûle avec une flamme fuligineuse qui produit une fumée épaisse, et, pour le rendre propre à l'éclairage, il est nécessaire de le purifier et de le débarrasser principalement de l'hydrogène sulfuré, du sulfure de carbone, des sels ammoniacaux et du goudron qu'il renferme.

Examinons en détail comment s'opère la purification des vapeurs de la houille, voyons dans quels appareils elle s'effectue et quelle est la disposition générale des organes multiples de l'usine à gaz.

Fig. 25. — Extinction du coke sortant des cornues.

Cornues. — Les cornues dans lesquelles on distille la houille sont, comme nous l'avons dit, en terre réfractaire.

Avant de jeter le charbon de terre dans les cornues disposées dans leurs fourneaux respectifs, on les chauffe à la température du rouge cerise ; quant à la durée de la distillation, elle varie suivant les différentes qualités de la houille. A mesure que la distillation sèche se prolonge, la quantité de gaz hydrogène carboné diminue et celles de l'hydrogène pur et de l'oxyde de carbone augmentent. Les cornues se fabriquent dans l'usine même et nécessitent un matériel considérable. Dans une vaste salle se trouvent disposées des broyeurs mécaniques, composés d'une roue de pierre qui glisse dans des auges circulaires où l'argile mélangée d'eau est façonnée en pâte consistante et homogène. L'argile dont on se sert provient du département de la Haute-Marne, et elle est généralement additionnée de 50 p. % de son poids de ciment. — La pâte est moulée dans des appareils en bois, et, quand la cornue est terminée, on la soumet à une dessiccation lente, puis à une cuisson dans de vastes fours portés à une très-haute température.

Barillet et Aspirateur. — Au sortir de la cornue le gaz passe dans le *barillet*, cylindre placé à la partie supérieure du fourneau, et dans lequel se rend le gaz par un tuyau de dégagement vertical. Ce tuyau plonge dans l'eau de 1 ou 2 centimètres, afin d'intercepter la communication libre entre l'intérieur des cornues et le reste des appareils. La figure 26 montre en I la disposition des barillets. Les cornues F abandonnent les vapeurs de la houille par le tuyau H, qui aboutit par un tube courbé dans l'eau du barillet. Le gaz, en traversant le liquide, perd une quantité assez considérable de goudron et de matières huileuses qui ne tarderaient pas à élever le niveau de l'eau, si un système d'écoulement n'était constamment en action. — Un syphon de déversement, placé à chaque extrémité du barillet, fait écouler l'excès de liquide et maintient l'eau à un niveau constant. Dans tous les tuyaux de l'usine, il y a toujours une condensation assez considérable de goudron et d'huiles empyreumatiques; disons, une fois pour toutes, que ces conduits légèrement inclinés sont tous munis de siphons qui déversent les liquides dans une canalisation spéciale. Tout le goudron de houille, toutes les matières huileuses produites par la distillation du charbon de terre, sont ainsi recueillis dans de vastes citernes souterraines où il est facile de les recueillir. La disposition du barillet permet d'ouvrir les cornues sans que l'air puisse pénétrer dans les appareils, et sans que le gaz brûlant dans la cornue puisse communiquer le feu au delà.

Les tubes, par leur immersion dans l'eau du barillet, produisent sur le gaz qui traverse ce liquide

Fig. 26. — Coupe des cornues à gaz et des barillets.

une certaine pression, que vient augmenter d'abord
celle qui résulte des frottements et immersions
dans la suite des appareils, et celle qui est
représentée par le poids du gazomètre que doit
soulever le gaz à l'extrémité des tuyaux. A toutes
ces pressions, quand l'usine est située dans une
localité plus élevée que les quartiers à éclairer, il faut encore ajouter la pression nécessaire
pour contre-balancer le poids de l'atmosphère, plus
pesante dans les lieux bas, puisque l'épaisseur de
l'air est plus grande. Ces causes réunies portent
parfois à 25 ou 30 centimètres d'eau la pression
totale qui régit sur l'intérieur des cornues et qui
contribue à les détériorer, à y déterminer des fissures, ou en enlever des joints. — C'est ce qui fait
qu'une aspiration est indispensable : cette aspiration est produite par une puissante machine
pneumatique que met en action la vapeur.

Mais, le gaz étant aspiré mécaniquement, un régulateur devient nécessaire ; en effet, si l'aspiration était trop forte, il se ferait un vide dans les
cornues, puisque la production du gaz ne répon-
drait pas à l'appel de l'aspirateur. L'air extérieur
tendrait à pénétrer dans les cornues par les fissures,
par les joints, et à se mêler au gaz de l'éclairage. Si, au contraire, l'aspiration était moins puissante que la production, le gaz auquel on donne
naissance s'accumulerait entre les cornues et l'aspirateur, et ferait notablement accroître la pres-

sion. De là la nécessité de compliquer le matériel d'un appareil régulateur qui maintient une pression limitée et déterminée sur les cornues. La description complète de ces organes mécaniques nous entraînerait trop loin, et nous ne pouvons l'entreprendre dans un ouvrage qui, ne l'oublions pas, n'est pas un traité didactique. Nous admettons que le gaz s'échappe des cornues, appelé par une aspiration régulière ; suivons-le dans les tuyaux de l'usine et voyons comment on peut le purifier, c'est-à-dire le débarrasser des substances qui le souillent et qui, si elles n'étaient éliminées, nuiraient à ses propriétés éclairantes.

Épuration physique. — Au sortir du barillet, où l'eau et le goudron se sont condensés en partie, le gaz passe à travers une série de tuyaux verticaux en forme d'U retournés et emboîtés les uns à côtés des autres, comme l'indique la figure 27. Il se refroidit dans ces tuyaux, dont l'ensemble est désigné sous le nom de *jeu d'orgue*. La partie inférieure de ces tubes est ouverte, mais les deux branches du tube en U ne sont pas au même niveau ; l'une d'elle seulement plonge dans l'eau, l'autre est à la surface du liquide ; le gaz s'élève dans la première branche du tube, redescend dans la seconde, traverse l'eau et s'élève de nouveau dans l'autre branche du tube suivant. Le gaz circule à travers cette longue canalisation et se refroidit

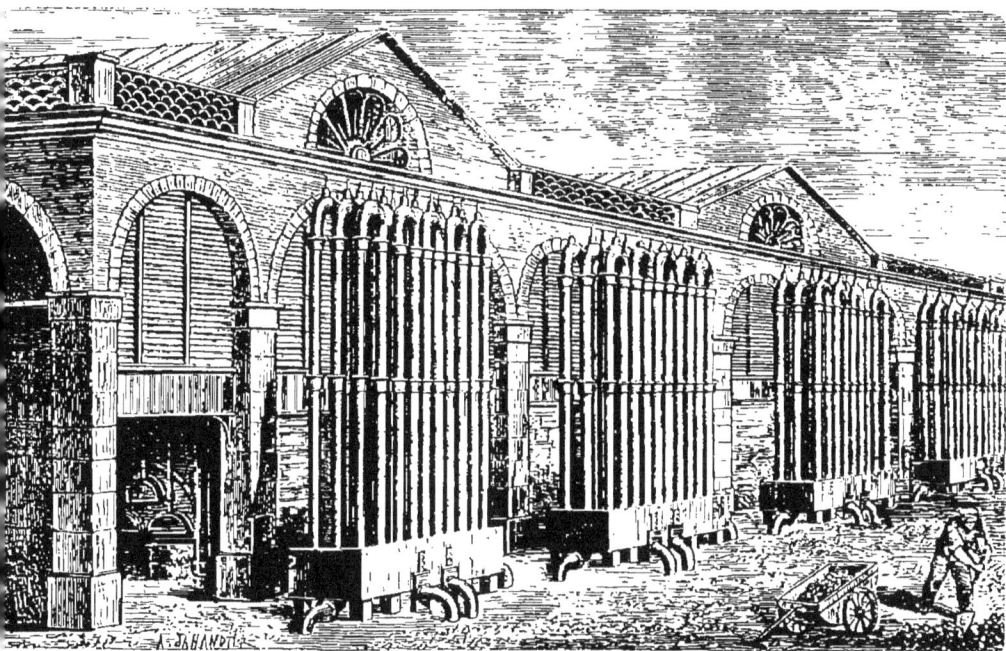

Fig. 27. — Jeux d'orgue.

notablement par son passage successif dans l'eau inférieure ; il perd, en outre, une assez grande quantité de goudron.

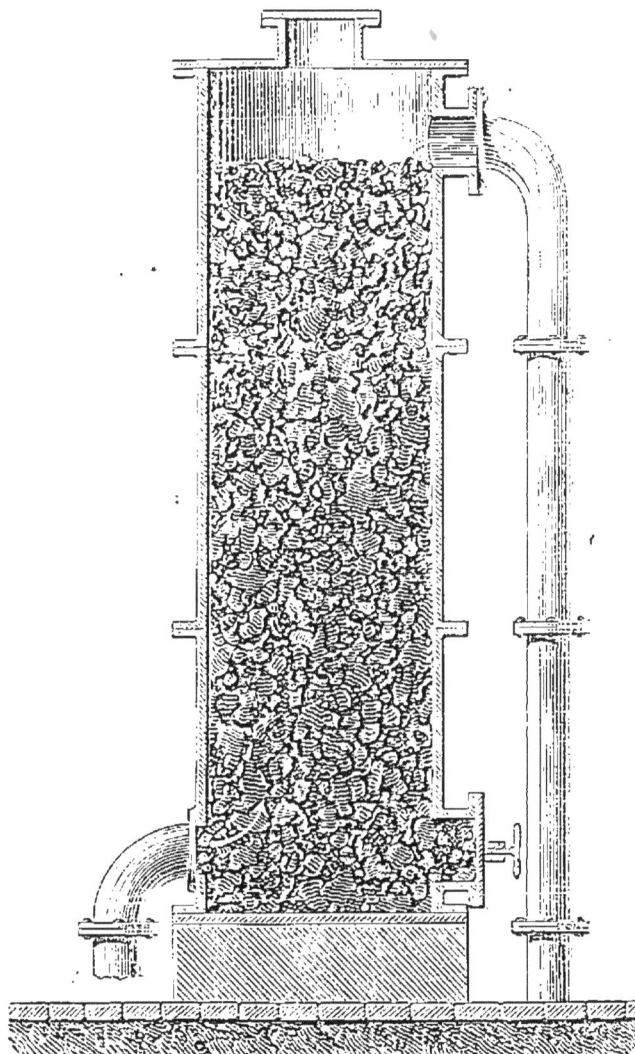

Fig. 28. — Colonne à coke.

Du jeu d'orgue, le gaz passe dans l'aspirateur et se rend ensuite dans la colonne à coke (fig. 28), c'est un grand cylindre en fonte, vertical, et rempli

9

de coke ou de débris de briques, humectés d'ea
gaz se divise à travers les passages que lui ou
les fragments de coke réunis, et il abandon
reste du goudron qui le souille, ainsi qu'une ¡
de son ammoniaque. A l'origine, la colonne à
recevait intérieurement un simple filet d'eau
jourd'hui on remplace habituellement l'eau
naire par l'eau ammoniacale, provenant
précédente distillation, de sorte que l'on augı
peu à peu la concentration de cette liqueur q
employée à préparer des sels ammoniacau:
remplace fréquemment les colonnes à coke pꞓ
appareils de refroidissement et de condensꞓ
horizontaux, souvent rangés les uns au-dessᵤ
autres. Dans la nouvelle usine de Saint-Man
gaz arrive par un tuyau E (fig. 29) à la sᵤ
supérieure d'une épaisse couche d'un corps p
qu'il traverse pour s'écouler par le tuyau S.
a souvent songé à placer ces appareils daı
cuves remplies d'eau qui activerait singulièr
le refroidissement du gaz ; mais on a reconn
la plupart des eaux abandonnaient rapidemᵉ
les tuyaux une couche pierreuse, non condᵤ
de la chaleur, et que le but qu'on se propoˑ
trouvait ainsi complétement éloigné.

La figure 50 représente la série des colo
coke de l'usine de la Villette.

Continuons à suivre le gaz dans les car
nombreux qu'il parcourt, et quittons les épuꞋ

physiques pour étudier les importants systèmes
d'épuration chimique.

Épuration chimique. — Les composés qui doivent
être séparés par cette épuration sont l'acide sulf-
hydrique, l'acide carbonique et l'ammoniaque.
Le premier acide est un gaz délétère, doué d'une
odeur suffocante qui noircit les dorures, les peintures au plomb et l'argenterie ; il est donc de

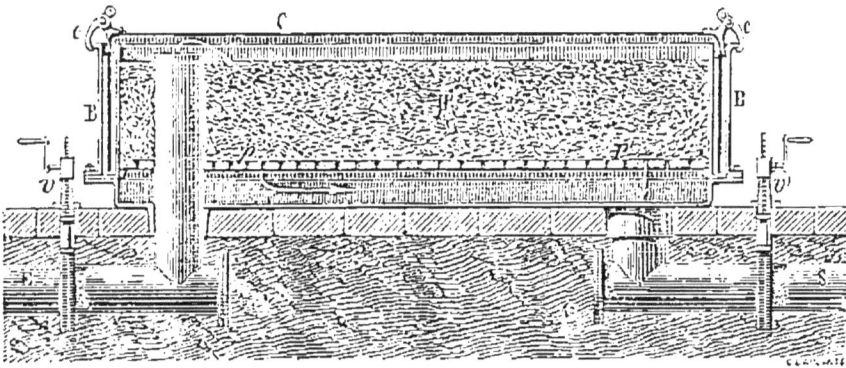

Fig. 29. — Colonne à coke horizontale.

toute nécessité de l'éliminer d'un produit qui
pénètre dans les établissements publics et même
quelquefois dans les appartements ; le second gaz,
l'acide carbonique, diminue notablement le pouvoir éclairant du gaz de l'éclairage ; le troisième
produit, l'ammoniaque, est enfin un produit com-
mercial d'une très-grande valeur, qu'il y a intérêt à extraire. — A l'origine de la fabrication du
gaz, l'épuration était une opération extraordinai-
rement négligée ; on se contentait de faire passer

le gaz dans l'eau pour éliminer l'ammoniaque, et
dans un lait de chaux pour retenir l'acide sulfhy-
drique. D'Arcet, plus tard, proposa l'emploi de l'a-
cide sulfurique, que l'on plaçait dans des cuves
en bois, doublées de plomb ; on abandonna ce
corps dangereux qui était en partie entraîné par
le gaz jusque dans les tuyaux en fonte qu'il détrui-
sait, et qui offrait, en outre, l'inconvénient de ne
pas retenir l'acide carbonique. —En 1840, M. Mal-
let proposa d'utiliser, dans l'épuration du gaz, les
chlorures de fer et de manganèse, résidus sans
nulle valeur, qui proviennent de la fabrication du
chlore.

Aujourd'hui, on a remplacé ces différents produits par la sciure de bois, imbibée de chaux et
de sulfate de fer. — Le mélange de ces matières
qui produit, par double décomposition et par oxy-
dation à l'air, du sulfate de chaux et du sesqui-
oxyde de fer, est placé dans des claies, disposées
en grand nombre dans une immense salle, où l'o-
deur de l'ammoniaque, mêlée d'hydrogène sulfuré, trahit bien nettement sa présence quand on
y pénètre, et offense les narines et les yeux du
visiteur. — Ces claies sont disposées de telle sorte
que le gaz arrivant par le fond sature les premières couches, tandis que les couches supérieures sont encore fraîches. A chaque renouvel-
lement de la cuve, les lits sont descendus d'un
étage, et la couche supérieure devenue vide est

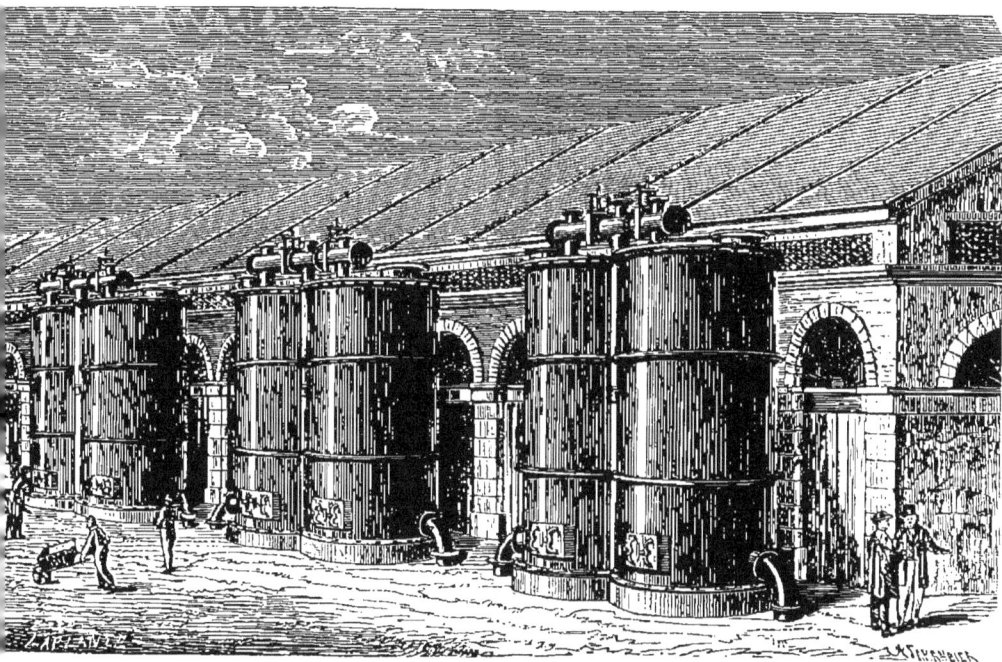

Fig. 50. — Vue d'ensemble des colonnes à coke.

remplie d'un mélange frais, d'une couche de sciure récemment imprégnée. — Ce procédé a l'avantage de fournir un résidu que l'industrie utilise ; de ces boues infectes on retire un bleu de Prusse admirable, formé par l'action des cyanures contenus dans le gaz sur le fer renfermé dans le sulfate. Le lavage de ces résidus donne en outre une quantité considérable de sels ammoniacaux. — Mais nous verrons dans la suite quelles sont les ressources précieuses des résidus de l'usine à gaz ; abandonnons les salles d'épuration chimique et suivons le gaz, qui est maintenant prêt à la consommation, jusqu'aux gazomètres où il est recueilli.

Gazomètres. — Quand le gaz est épuré, il est dirigé dans d'immenses compteurs qui servent à mesurer exactement la production de l'usine, et il arrive dans des tuyaux qui le conduisent dans de grands réservoirs appelés *gazomètres*, destinés à le contenir jusqu'au moment de sa distribution, et à régulariser la pression de telle sorte que l'éclairage soit uniforme.

Le *gazomètre à suspension* est une grande cuve en tôle, retournée dans un vaste bassin rempli d'eau. Le gaz arrive à la partie inférieure du réservoir de tôle, le soulève peu à peu sans pouvoir s'échapper, puisqu'une nappe d'eau où il est insoluble lui intercepte le passage. En se soulevant, le gazomètre glisse dans les rainures qui lui servent de guides.

Le *gazomètre télescopique* est plus usité, il est formé de deux ou plusieurs cylindres qui s'emboîtent les uns dans les autres comme les cylindres d'une lunette. Quand le réservoir est vide, ces cylindres de tôle occupent un assez petit volume et ils ne se séparent qu'en se soulevant sous les efforts du gaz qui les remplit.

Enfin, le *gazomètre articulé* de Pauwels est certainement celui qui est le plus répandu. Il se compose de deux genouillères creuses qui facilitent les mouvements d'ascension et de descente du réservoir de tôle, et qui en même temps servent de tuyau d'entrée et de sortie du gaz de l'éclairage. — La figure 51 explique d'elle-même ce système aussi simple qu'ingénieux, sur lequel il n'est pas nécessaire de nous étendre davantage. Les gazomètres de Paris sont de 10,000 à 25,000 mètres cubes ; ceux de Londres sont beaucoup plus volumineux.

Telle est la description sommaire de l'usine à gaz depuis la cornue jusqu'au gazomètre, ces deux termes extrêmes de ce vaste système si merveilleusement garni de mécanismes ingénieux. Ces organes, qui fonctionnent avec tant de régularité, ne sont-ils pas comparables à ceux d'un être animé qui a son estomac, ses poumons, ses artères, répondant tous à un but déterminé, ayant tous leur

Fig. 31. — Gazomètre articulé.

usage propre? Il y a dans l'usine à gaz quelque chose d'analogue : vaste appareil de digestion où s'élaborent des principes divers, où la houille est absorbée pour nourrir tous ces épurateurs qui déverseront ensuite sur les rouages de l'industrie une infinité de produits utiles.

Mais est-ce bien là toute l'usine à gaz? N'y a-t-il pas encore quelque partie oubliée ou non visitée? Il nous reste à inspecter ce que nous voudrions pouvoir appeler la salle du médecin, c'est-à-dire l'endroit où l'on voit si le mécanisme de l'usine est sain, si le produit fabriqué est en bon état, s'il n'y a pas besoin de quelque remède à quelque organe. Nous voulons parler de l'atelier de photométrie, où l'on mesure le pouvoir éclairant du gaz, où l'on constate sa valeur, où l'on s'assure qu'il est bien préparé, et que par conséquent le grand être complexe, qu'on appelle l'usine, a bien fonctionné.

Le Photomètre. — D'après le traité stipulé avec la ville de Paris, la compagnie parisienne doit fournir un gaz de l'éclairage tel, que 105 litres de ce gaz, brûlant pendant une heure dans un bec ordinaire, produisent une flamme équivalente à celle d'une lampe Carcel contenant 42 grammes d'huile par heure.

L'appareil photométrique employé pour comparer le pouvoir éclairant du gaz et d'une lampe Carcel est représenté dans son ensemble, dans la

figure 52. Il se compose de deux parties distinctes
séparées par un écran. A droite de la gravure, on
voit dans le fond le bec de gaz, et sur le premier
plan la lampe à huile placée sur le plateau d'une
balance. A gauche se trouve l'opérateur qui regarde dans une lunette, où il compare les ombres
produites par les deux lumières, éclairant un dis-
que métallique. Cette lunette cylindrique est mu-
nie d'un verre rendu opalin par une mince couche d'amidon. La lame métallique opaque est
perpendiculaire au plan de ce verre, et elle se
trouve placée dans l'axe du tube, de telle sorte
que la lampe projette sur le verre opalin une ombre à gauche de l'opérateur, tandis que le bec de
gaz projette une autre ombre à droite. Quand on
regarde dans la lunette, on voit ces deux ombres
rectangulaires placées l'une à côté de l'autre ; si
les deux flammes n'ont pas un pouvoir éclairant
égal, les deux ombres produites n'auront pas une
teinte uniforme, l'une d'elle sera plus foncée que
l'autre. L'expérimentateur a la main sur un robinet qu'il fait agir ; il augmente ou il diminue l'é-
coulement du gaz, jusqu'à ce que les deux ombres
aient la même valeur, c'est-à-dire jusqu'à ce que
les deux flammes produisent la même quantité de
lumière. On prolonge l'opération pendant un temps
suffisant pour que la lampe ait brûlé 10 grammes
d'huile, et, comme l'écoulement du gaz est réglé
par un compteur, on connaît le volume de gaz

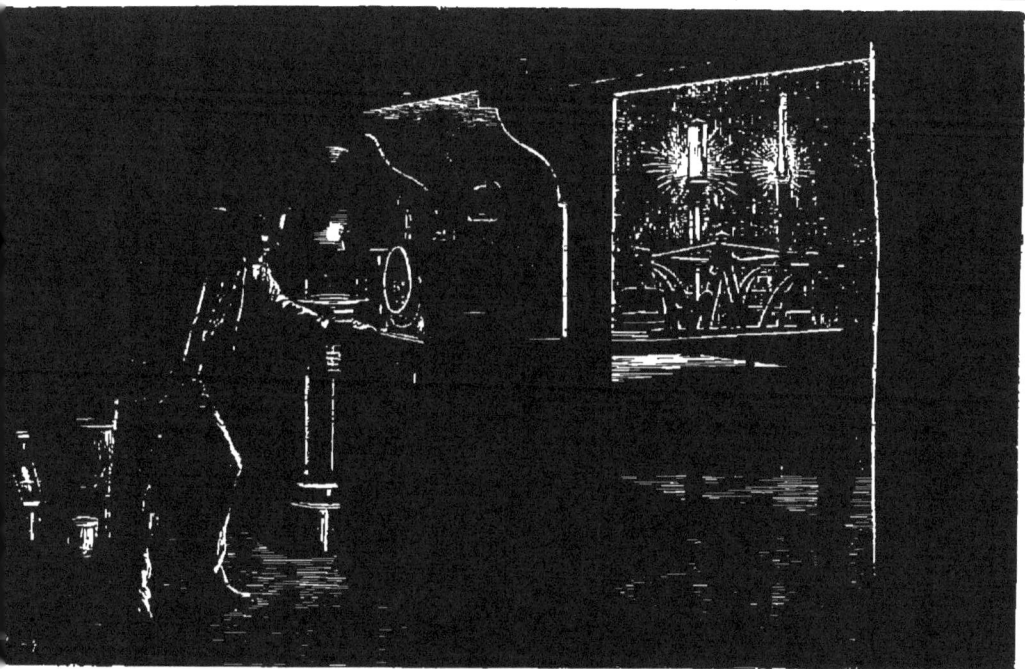

Fig. 52. — Appareil photométrique.

consommé. On peut voir si 105 litres équivalent bien à 42 grammes d'huile. Les figures 33 et 34 représentent l'appareil en coupe. La lampe C est suspendue à une balance à côté du bec K qu'alimente le gaz écoulé par le tuyau M. V est la lunette, et C le verre translucide amidonné. NR est le compteur.

On commence par verser 10 grammes d'huile dans la lampe au moyen d'un entonnoir spécial, et on établit l'équilibre. Quand les 10 grammes d'huile sont brûlés, l'équilibre de la balance est rompu, le fléau C (fig. 35) s'incline et fait tomber un petit marteau E sur un timbre F. Le bruit que fait le timbre sonore prévient l'opérateur quand l'expérience est terminée. 10 grammes d'huile ont été consommés ; quel est le volume de gaz brûlé dans le bec qui a produit la même quantité de lumière? Le compteur (fig. 36) donne exactement ce volume.

On voit que cet appareil photométrique est très-pratique et très-ingénieux ; il est employé aujourd'hui dans toutes les usines, et donne ainsi régulièrement la qualité du gaz produit.

Dans la salle de photométrie, est généralement un autre appareil (fig. 36) qui permet de reconnaître si le gaz de la houille est bien épuré, et s'il ne renferme pas d'hydrogène sulfuré. On sait que ce dernier gaz a la propriété de noircir les sels de plomb, ce qui permet de constater facilement sa

présence. Le gaz de l'éclairage, par l'ouverture d'un
robinet R, pénètre dans la cloche C en traversant
le bec B. Il se trouve en contact avec un papier *f*,
imbibé d'azotate de plomb (fig. 57). Si le papier
resté blanc, c'est que le gaz est bien préparé,
qu'il ne renferme pas d'hydrogène sulfuré, et que
par conséquent il ne pourra pas noircir les peintures à la céruse des appartements où il devra
brûler.

La fabrication du gaz s'opère si régulièrement
que ces précautions sont presque inutiles ; mais
il faut savoir gré aux directeurs d'usine, et à l'ad-
ministration du gaz parisien, de recourir à toutes
les ressources de la science pour fabriquer un
produit aussi pur que possible, et ne présentant
pas d'inconvénients dans la consommation.

Nous avons fini de parcourir les nombreuses
parties de l'usine à gaz, et il ne nous reste plus
qu'à suivre les vapeurs de la houille dans les
tuyaux souterrains qui les conduisent au lieu de
leur combustion ; mais nous devons parler auparavant d'un autre mode de production du gaz de
la houille, qui évite les canalisations, et qui dans
un grand nombre de circonstances peut offrir un
grand avantage : on a déjà nommé avec nous les
usines à gaz portatif, que nous voulons mentionner, quoiqu'elles ne distillent pas la houille, mais
le *bog-head*, produit naturel dont nous avons parlé
plus haut.

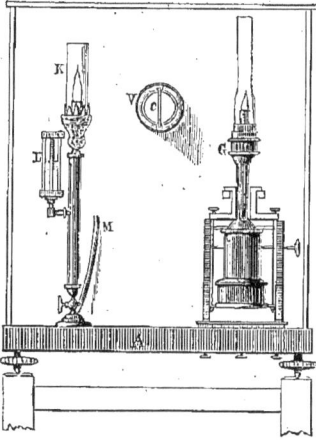

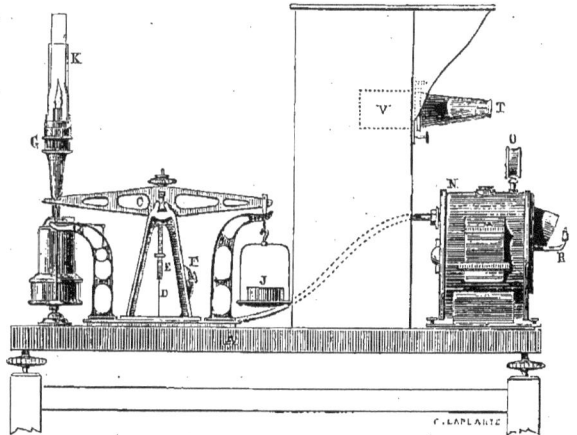

Fig. 55.   Coupe du photomètre.   Fig. 54.

Le gaz portatif. — Arago et Dulong ont étudié
pour la première fois l'importante question du
transport du gaz en le comprimant dans des réservoirs sous une pression de 25 à 50 atmosphères ;
mais à l'origine les difficultés paraissaient vraiment
insurmontables. Il faut, en effet, pour résoudre le

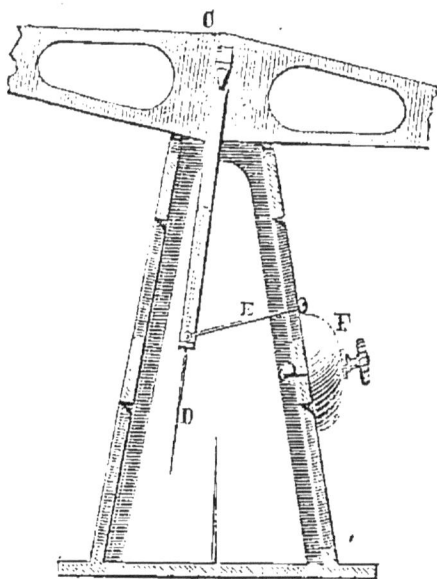

Fig. 55. — Le timbre du photomètre.

problème, prévenir les fuites sous une pression
considérable, préparer économiquement ce gaz
doué d'un pouvoir éclairant beaucoup plus considérable que celui des usines ordinaires, construire
des enveloppes assez solides pour résister à la
pression, assez légères pour être transportées
facilement, enfin faire écouler le gaz sous une
pression faible et constante, malgré la différence
qui varie pendant la consommation du gaz sortant

du récipient, pour se rendre au bec d'éclairage.

La compagnie du gaz portatif qui fonctionne
aujourd'hui, a vaincu toutes ces difficultés, et elle
fabrique des quantités assez considérables d'un gaz
qui est environ quatre fois plus éclairant que celui
de la compagnie parisienne. Le *bog-head* est distillé

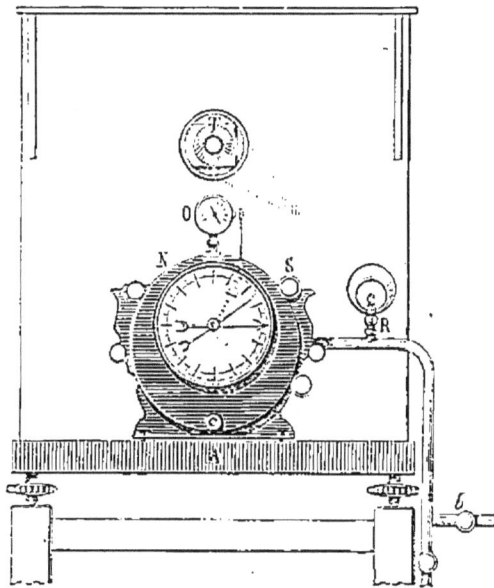

Fig. 56. — Le compteur.

dans des cornues analogues à celles que nous avons
précédemment décrites, et le gaz épuré se rend
dans des gazomètres de petite dimension. Là des
pompes foulantes le compriment dans des récipients cylindriques en tôle, destinés à le transporter chez les consommateurs. Ces cylindres sont
superposés dans une voiture rectangulaire (fig. 58),
et quand il s'agit de remplir un gazomètre chez le

consommateur, on met un des cylindres en communication avec le réservoir au moyen d'un tube
flexible. La différence de pression permet de char-

Fig. 57. — Appareil pour reconnaître la pureté du gaz.

ger un gazomètre ayant un volume à peu près dix
fois plus considérable que la capacité du cylindre.
Le gaz portatif offre de grands avantages dans les
petites villes où le nombre des consommateurs est
peu considérable, et où les capitaux restreints ne

permettraient pas d'établir des canalisations d'un prix considérable.

Consommation du gaz. — La ville de Paris possède aujourd'hui dix usines à gaz, qui sont situées dans les localités suivantes :

Saint-Mandé.	
La Villette.	
Ivry	
Les Ternes	Usines dans Paris.
Passy.	
Vaugirard.	
Belleville	
Saint-Denis	
Boulogne.	Usines hors Paris.
Maison-Alfort	

Ces usines ont été fondées successivement depuis 1818.

La longueur de la canalisation souterraine, établie sous les rues de Paris, est de plus d'un million de mètres, ou de 250 lieues, c'est-à-dire la distance de Paris à Berlin.

En 1855, la consommation du gaz s'est élevée à 37,767,000 mètres cubes ; en 1858, elle était de 57 millions de mètres cubes, que produisaient 240 millions de kilogrammes de charbon de terre. Aujourd'hui la production est d'environ un tiers plus considérable.

En 1855, il y avait à Paris 227,000 becs d'éclairage ; en 1858, 307,000.

Le prix du mètre cube de gaz vendu au compleur était autrefois de 45 centimes, il est actuellement descendu à 30 centimes pour l'éclairage particulier et à 15 centimes pour l'éclairage public.

Fig. 58. — Une voiture à gaz portatif.

Pour donner naissance à ces volumes immenses de gaz de l'éclairage, il faut distiller environ trois ou quatre mille tonnes de houille par jour!

CHAPITRE VII

LA LUMIÈRE

L'éclairage. — La combustion. — Le gaz de la houille et l'oxygène.
La houille au théâtre. — Le chauffage. — La cuisine. — Les
laboratoires.

Paris consomme aujourd'hui par an 116 millions de mètres cubes de gaz, qui fournissent à 555,000 becs, et Londres en brûle une quantité double; on voit que l'idée que Philippe Lebon a jetée sur le champ des découvertes a singulièrement prospéré. La compagnie parisienne a dix usines à Paris, qui distillent nuit et jour des milliers de tonnes de houille pour en extraire ce gaz précieux qui illumine toutes nos rues. Pour juger des progrès accomplis dans cette industrie, il suffit de dire que la première usine à gaz construite à Londres par Murdoch avait un gazomètre de 8 mètres cubes. Aujourd'hui l'un des grands gazomètres de Liverpool a plus de 80,000 mètres cubes de capacité, c'est-à-dire dix mille fois plus grand que le grand gazomètre de Murdoch.

On trouvait autrefois cependant qu'un gazomètre de 8 mètres cubes était bien considérable, et sir Humphry Davy, le célèbre chimiste anglais, disait avec une admiration quelque peu railleuse : « Si cela continue, il nous faudra des gazomètres aussi grands que la coupole de Saint-Paul. » Il ne se doutait guère alors que moins de cinquante ans s'écouleraient avant que la coupole de Saint-Paul pût danser dans les gazomètres qu'on allait construire.

Mais poursuivons notre examen méthodique, et voyons comment le gaz passe du gazomètre de l'usine dans les établissements publics, dans les rues et dans la demeure des particuliers.

Tuyaux de conduite. C'est par une conduite souterraine que le gaz arrive aux tuyaux de distribution, qui sont établis depuis l'usine jusqu'à l'endroit à éclairer. Il est utile, quand on organise une usine, d'établir des conduites principales assez grandes pour donner issue à une quantité de gaz à peu près deux fois plus considérable que celle que l'on veut produire, afin de pouvoir augmenter la fabrication sans frais extraordinaires, et de répondre ainsi aux besoins presque toujours croissants de la consommation. Les conduites larges offrent, en outre, l'avantage d'exiger une pression

beaucoup moindre pour laisser écouler le gaz. —
La pression, dans les villes, est ordinairement
équivalente à 8 centimètres d'eau, quand le gaz
doit parcourir environ une étendue de deux kilomètres. Voici les diverses dimensions données aux
tuyaux de distribution :

Diamètre des tubes.	Mètres cubes en une heure.	Nombre de becs.
0m,17	200	1,500
0m,20	350	2,400
0m,30	640	4,800
0m,40	1,095	8,200
0m,50	1,805	15,600
0m,60	2,500	19,000
0m,65	3,500	25,000

La pression est variable, et il est facile de l'augmenter ou de la diminuer; dans des cas particuliers, elle peut atteindre un chiffre très-élevé.
C'est ainsi que, pour le gonflement du ballon le
Pôle nord au champ de Mars, la compagnie parisienne a pu fournir, dans des tuyaux de grande
dimension, l'énorme quantité de 11,000 mètres
cubes de gaz en trois heures environ. Il est vrai
que tous les embranchements qui conduisent aux
becs de gaz et aux demeures des particuliers
avaient été provisoirement fermés, parce que la
pression trop considérable aurait pu occasionner
des accidents.

Les tuyaux de distribution de grand diamètre
sont généralement en fonte, ils sont essayés sous

une pression de dix atmosphères, et l'on a toujours soin de vérifier la régularité d'épaisseur de leurs parois, afin de prévenir les fuites qui pourraient résulter de boursouflures qui existent quelquefois dans les meilleures fontes. Quant aux tuyaux de distribution dans les maisons, ils sont habituellement en plomb, et on les fixe toujours contre des murs ou des plafonds où ils sont apparents afin de vérifier facilement leur état de conservation.

Malgré toutes les précautions et tous les soins, des explosions terribles se produisent quelquefois et jettent l'épouvante parmi le public. Ici, nous pourrions citer des malheurs presque aussi nombreux que pour le feu grisou dont nous avons précédemment parlé. — La cause de l'explosion est à peu près la même que dans ce dernier cas. Le gaz de l'éclairage, mélangé avec l'air, produit un mélange détonant, explosif, qui prend feu au contact d'une flamme, et qui, par sa force expansive considérable, détruit instantanément les localités où il éclate et frappe de mort les victimes qui s'offrent à son action. — On se rappelle sans doute encore les désastres du passage des Panoramas, du Casino, et du boulevard des Capucines... Ces catastrophes sont trop connues et trop récentes pour qu'il nous semble nécessaire d'en faire le récit. La cause de ces désastres est toujours une fuite ouverte dans un tuyau ; mais qui pourrait soupçonner quelquefois l'auteur de la détérioration des tubes? Il y a une dizaine d'années, une explosion jeta l'épouvante dans un quartier de Paris, on reconnut que l'un des tuyaux de plomb était percé d'un trou pratiqué comme au foret, dans la paroi avoisinante au mur. Ce tube avait été posé la veille contre une fissure du mur; il avait emprisonné un pauvre rat, qui, nouveau Latude, chercha le salut dans une évasion difficile. Le petit rongeur travailla si bien qu'il perça le métal; mais il ne tarda pas à être asphyxié par le jet de gaz méphitique, et on le trouva mort dans son cachot improvisé. Ce fait est si extraordinaire qu'il paraît invraisemblable; mais il est affirmé par des personnes trop dignes de foi pour qu'il puisse être mis en doute un seul instant.

A Londres, on évite souvent ces accidents en établissant les tuyaux dans des caniveaux en maçonnerie qui les protègent d'une carapace invulnérable, et qui, en outre, convenablement ventilés dirigent toutes les fuites au dehors. Que n'emploie-t-on ce mode avantageux de construction dans notre brillante métropole? Il est, hélas! bien d'autres progrès qu'il nous reste encore à imiter de nos voisins!

Moyens de prévenir les explosions. — Cherche-fuites. — On parvient à diminuer les chances de production de mélanges détonants en établissant un système de ventilation régulier dans les locaux où brûle le gaz de l'éclairage ; mais c'est surtout en Angleterre que l'on a l'habitude de prendre ces sages précautions. Des vasistas, des ouvertures circulaires établies dans le haut des habitations, permettent au gaz de s'écouler, s'il vient à s'échapper de ses conduites ; mais ces dispositions ne peuvent pas toujours être prises, et d'ailleurs elles ne préviennent nullement les dangers des mélanges détonants qui peuvent se former dans des cabinets fermés, dans des armoires ou quelquefois même sous les parquets des appartements.

De là la nécessité de recourir à des appareils dits *cherche-fuites*, pour prévenir les explosions. Un des moyens les plus simples et les plus efficaces, dû à M. Maccaud, consiste à adapter un ajutage à l'origine du tuyau qui conduit le gaz dans une maison ou dans un appartement. — On adapte à cet ajutage à vis une petite pompe foulante qui comprime de l'air dans toute la longueur des tuyaux où s'écoule habituellement le gaz de l'éclairage. — L'air remplace ainsi le fluide éclairant, sous une pression beaucoup plus forte, de une atmosphère, par exemple. — Un petit manomètre à cadran est fixé dans une autre partie du tuyau, et indique si la pression intérieure se maintient quand on cesse de refouler l'air. Si l'on constate une diminution sensible de pression, on peut être certain

que le tuyau est percé de trous qu'il est généralement facile de découvrir et de réparer.

Compteurs. — Le gaz est quelquefois livré à un
prix déterminé par le nombre de becs, mais généralement on évalue la consommation par le volume
employé ; dans ce dernier cas, où il est nécessaire
de savoir le nombre de mètres cubes brûlés, employés, l'abonné est muni d'un compteur qui indique la quantité de gaz brûlé. — On a imaginé un
grand nombre de systèmes divers de compteurs ;
mais l'appareil le plus ordinairement usité consiste
dans une espèce de cylindre à augets en fer-blanc
ou tôle galvanisée, dont l'axe horizontal est plongé
dans un cylindre contenant de l'eau. Le gaz s'é-
chappe au-dessus de l'axe, de telle façon qu'il imprime un mouvement de rotation à une roue spéciale, engrenée à des rouages qui font mouvoir
une aiguille autour d'un cadran extérieur. L'appareil est gradué de telle manière, que l'on connaît
le volume de gaz consommé par le nombre des révolutions du cylindre, accusé lui-même à l'aide
des aiguilles.

Becs de gaz. — Le gaz de la houille, que nous
avons vu s'échapper de l'usine, que nous avons
suivi dans les conduits souterrains qui sillonnent
le sous-sol de nos villes, a traversé le compteur, il
est arrivé sur le lieu de la consommation.—Il nous

reste à décrire les brûleurs, où il entrera en combustion pour donner naissance à la lumière qu'il doit produire.

Dans l'intérieur des maisons, la plupart des becs d'éclairage sont circulaires et fonctionnent sous l'influence d'un
courant d'air ; on les désigne sous le nom
de *becs d'Argand*.

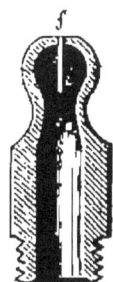

Les becs qui servent à l'éclairage
des rues sont composés d'un tube assez
épais terminé par un sphéroïde, dans
lequel est pratiqué une petite fente *f* (fig. 59) , le

Fig. 39.

Fig. 40. — Bec éventail.

gaz s'échappe de cet orifice en donnant une flamme
plate, évasée, qui imite la forme d'un éventail, d'où

le nom de *becs éventails* (fig. 40). — On a encore
appelé ces brûleurs *becs chauve-souris*,
sous le prétexte que la flamme imitait
la forme de l'aile de cet animal ; mais
cette désignation, beaucoup moins heureuse que la précédente, est évidem-
ment le résultat d'une imagination trop
inventive.

Fig. 41.—Bec Manchester.

Il y a réellement de quoi faire re-
culer celui qui étudie la moindre partie d'une de nos industries modernes ;
elles ont été l'objet de tant de travaux, de tant
de recherches, et ont exercé la sagacité d'un si
grand nombre de laborieux artisans ! Il y aurait
certainement un traité à faire sur les seuls becs
de gaz ; leur nombre est prodigieux, leurs formes
diverses sont d'une multiplicité extraordinaire, et,
ici comme dans les êtres naturels, on se trouve
en face d'une richesse inouïe dans la variété des
espèces. Contentons-nous de citer encore le *bec
Manchester*, composé d'un ajutage creux, légèrement conique, comme l'indique la figure 41. Le
trou cylindrique dont il est percé longitudinale-
ment se termine par un fond assez épais, percé de
deux orifices obliques *i i*, disposés de telle manière,
que les deux jets de gaz qui s'en échappent se
choquent et s'épanouissent en une lamelle perpendiculaire aux deux trous obliques. La flamme a
les bords courbés et les sommets élargis, de sorte

que sa projection offre la ressemblance d'une *tulipe*.
Mentionnons seulement le *bec régulateur*, le *bec*

Fig. 42. — Bec Dubail.

à *enveloppes métalliques*, le *bec à air chaud*, le *bec Dubail*, représenté par la figure 42 et expliqué par la coupe qui en est faite plus loin (fig. 43). Le gaz

11

s'échappe par les tuyaux *i i* et brûle par une série de petits orifices *o o*, disposés circulairement : la garniture PG est elle-même garnie d'ouvertures qui ménagent l'appel de l'air nécessaire à la combustion. Citons enfin le *bec Marini*, le *bec à armature de cristal*, qui empêche la formation d'une ombre au-dessous de la flamme (fig. 44), et hâtons-nous de quitter un sujet spécial qui nous éloignerait trop de notre sujet et nous entraînerait dans le domaine de la technologie.

Toutefois, nous ne devons pas abandonner ce sujet sans nous arrêter sur la partie économique de la question si importante de la combustion du gaz. — Y a-t-il avantage à brûler le gaz de la houille ? quel est le prix de revient de ce mode d'éclairage, et quel est celui des autres systèmes usités ? Laissons parler les chiffres, qui ont quelquefois trop d'éloquence pour qu'il soit nécessaire de les commenter :

PRIX D'UNE HEURE D'ÉCLAIRAGE, PRODUISANT UNE LUMIÈRE ÉQUIVALENTE A CELLE D'UNE LAMPE CARCEL BRULANT PAR HEURE 42 GRAMMES D'HUILE DE COLZA

		Centimes
Bougies stéariques (10 au kil.).	63ᵉʳ à 5 fr. le kil. coûteront	19c00
Chandelles (la lumière est var.).	80ᵉʳ à 80 c. — —	14c55
Huile de colza.	42ᵉʳ à 1ᶠ40. — —	5c88
100 lit. gaz de houille (becs us.).	50ᵉʳ à 30 c. le mètre cube. .	3c00
85 — — (b. à air ch.).	42,5 — —	2c55
Carbures volatils.	36ᵉʳ. — —	2c40

Ainsi, à quantité de lumière égale, la bougie

coûte environ six fois plus que le gaz de l'éclairage, et l'huile à peu près cinq fois plus, économie qui, à la longue, doit largement compenser
les frais d'installation des tuyaux compteurs, etc.,
d'autant plus que l'huile ou
la bougie nécessitent de leur
côté des lustres, des candéla-
bres, ou des lampes d'un prix
assez considérable[1].

**Lumière de Drummond. —
Éclairage oxhydrique. —** On
a cherché depuis quelque
temps à remplacer le gaz par
d'autres produits dans l'é-
clairage, et c'est ainsi que les
huiles de pétrole pendant un
certain temps semblaient devoir rivaliser avec l'hydrogène
protocarboné ; nous reviendrons plus spécialement sur
l'importante question des huiles minérales dans la suite de
cet ouvrage.

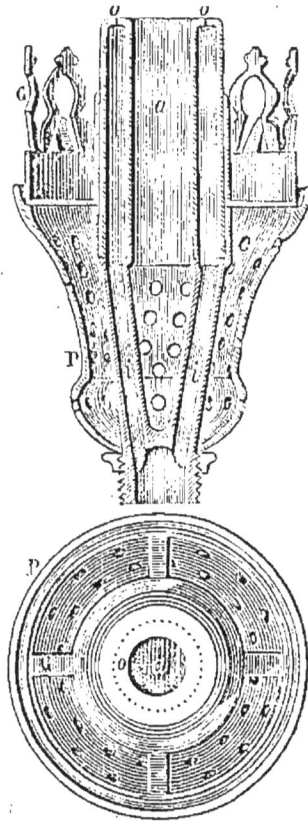

Fig. 45.
Coupe du bec Dubail.

On a beaucoup parlé aussi de l'éclairage oxhydrique, et nous devons rapidement faire l'histoire
de cette nouvelle méthode, car elle emploie encore

[1] Payen, *Chimie industrielle.*

le gaz de la houille, et elle peut être considérée comme une importante application de ce produit.

A la fin du siècle dernier, Lavoisier, l'illustre génie qui a posé les bases fondamentales de la chimie moderne, a démontré que l'air n'était pas un corps simple et qu'il était formé par l'union de deux gaz distincts, l'azote et l'oxygène.

L'azote est un gaz inerte qui éteint les flammes et qui n'entretient pas la vie des animaux. Une bougie allumée qu'on y plonge s'éteint aussitôt, un animal qu'on y enferme meurt presque instantanément. L'autre gaz de l'air, l'oxygène, a au contraire toutes les propriétés actives de l'atmosphère quand il est isolé, quand il est séparé de l'azote : les flammes qu'on y plonge brûlent avec un éclat extraordinaire, et les animaux qui le respirent semblent vivre avec plus d'activité. C'est l'oxygène qui se combine avec le fer et transforme ce métal en *oxyde* ou en rouille, c'est lui qui entretient notre vie à tous ; dans l'air, comme il est mélangé à un gaz inerte, il agit avec moins d'énergie que lorsqu'il est isolé ; c'est comme un vin généreux qui se trouve mélangé d'eau.

L'oxygène a été isolé pour la première fois par Priestley, et c'est Lavoisier qui sut l'extraire de l'air au moyen du mercure. Quand on vit ce gaz nouveau, qui faisait brûler tous les corps avec une énergie bien plus grande que l'air, on ne tarda pas à songer aux applications industrielles qu'il pouvait offrir. On se dit avec raison que, si,

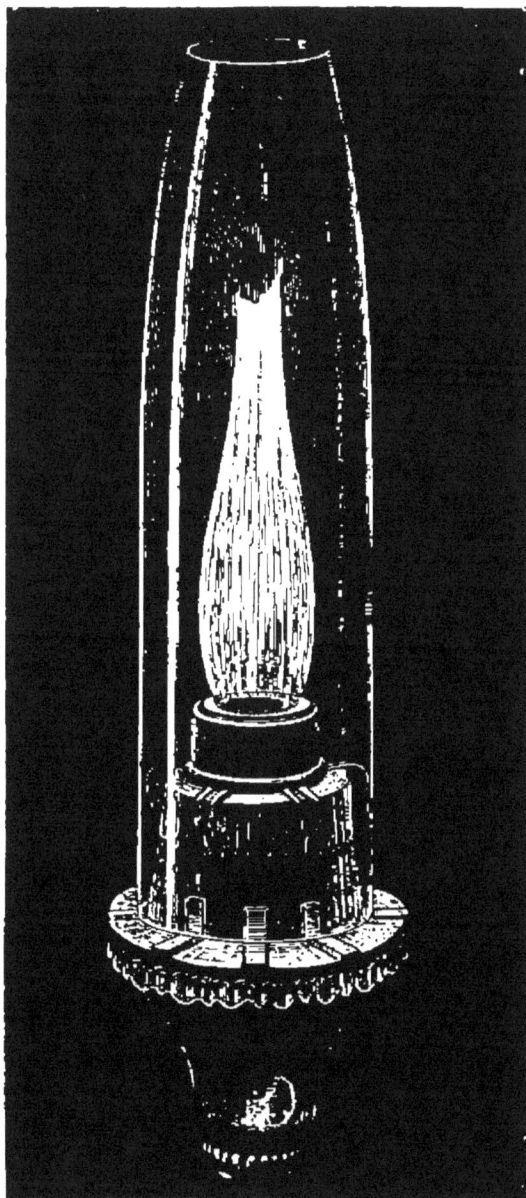

Fig. 44. — Bec en cristal.

au lieu d'insuffler de l'air dans un fourneau métallurgique, on y lançait de l'oxygène, la combustion du charbon serait plus vive, et la température qui en résulterait beaucoup plus élevée. A l'époque où on étudia pour la première fois l'oxygène, on vit que ce gaz lancé dans un tube à l'extrémité duquel brûlait de l'hydrogène, élevait singulièrement la température du dard de feu qui prenait naissance, et que la chaleur était assez intense pour déterminer la fusion du platine et de quelques substances regardées jusque-là comme réfractaires, c'est-à-dire résistant à l'action des foyers les plus intenses. Cet instrument merveilleux, appelé *chalumeau*, permettait de réaliser dans le laboratoire les expériences les plus remarquables, et on se demanda si l'industrie ne pourrait pas prendre possession de cette arme nouvelle. Plus tard, on reconnut que le dard du chalumeau, alimenté par le gaz de la houille et l'oxygène, produisait les mêmes résultats, et un officier de la marine anglaise, nommé Drummond, ayant eu l'idée de projeter ce jet de feu sur un morceau de craie, vit cette pierre devenir incandescente et briller d'un éclat presque aussi vif que celui de la lumière électrique. On se demanda encore si cette lumière de Drummond ne pouvait pas subvenir aux besoins des sociétés, et si on ne pouvait pas faire passer du domaine de la science dans celui de la pratique cet éclairage si puissant.

Pour résoudre ces problèmes, il fallait obtenir

l'oxygène à bon marché. Ce gaz que l'on prépare dans les laboratoires revient à un prix très-élevé, relativement au gaz de la houille, et le prix de re-

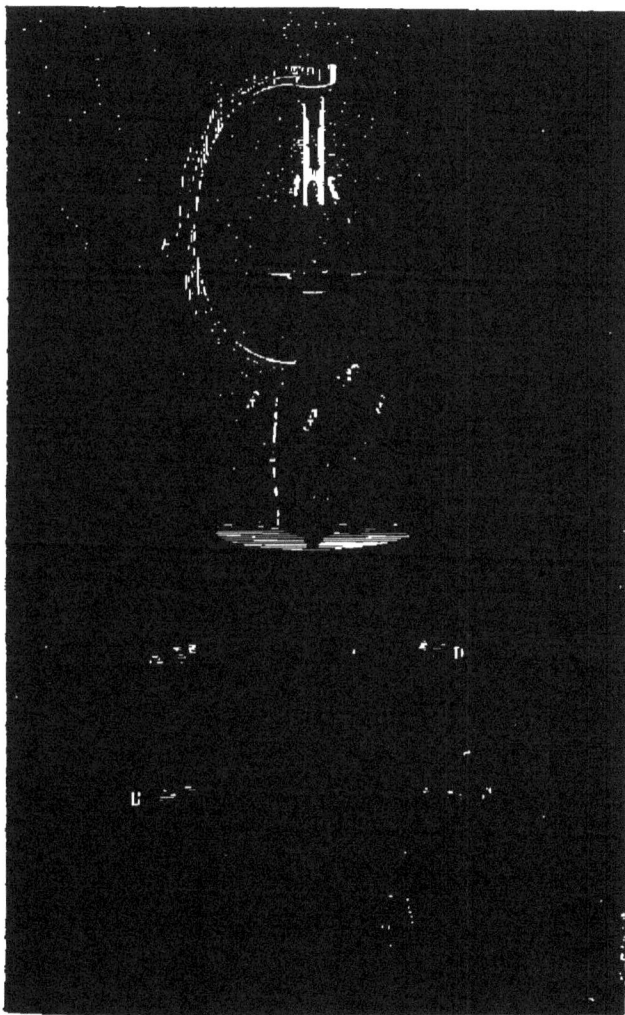

Fig. 45. - - Bec oxhydrique.

vient économique est la base indispensable de presque toute opération industrielle vraiment fructueuse.

Aujourd'hui M. Tessié du Motay a imaginé un procédé nouveau au moyen duquel il peut préparer le gaz oxygène en grand et à bon marché. Le procédé de ce savant industriel a été soumis à des discussions nombreuses; il a eu ses ennemis et ses partisans; on l'a prôné et on l'a calomnié; dans quel parti devrons-nous nous ranger? Dans aucun, car nous n'avons pas étudié la nouvelle fabrication *de visu*, et nous n'osons pas nous prononcer dans une question aussi sérieuse. Toutefois nous avons été à même d'apprécier le nouvel éclairage oxhydrique qui va s'organiser en grand à Paris, qui a déjà éclairé la place de l'Hôtel de Ville et la cour des Tuileries, et nous pouvons nous étendre sur ce nouveau mode d'éclairage en laissant de côté la partie financière de l'exploitation, qui concerne les actionnaires de la nouvelle comgagnie bien plus que le public.

M. Tessié du Motay fabrique le gaz oxygène à l'aide du bioxyde de manganèse et de la soude. L'air que l'on fait passer sur ce mélange chauffé à une température assez élevé, l'oxyde, perd son oxygène. Si on chauffe le produit ainsi formé, à une température plus élevée, dans un courant de vapeur d'eau, il perd l'oxygène qu'il a absorbé. De nouvelles quantités d'air pourront lui donner de nouvelles quantités d'oxygène, et ainsi de suite, *indéfiniment* d'après l'inventeur.

L'oxygène se prépare actuellement en grand

dans une usine à Pantin, et il se rendra dans des tuyaux spéciaux jusqu'au lieu de la consommation. Là il traverse un ajutage spécial, se mélange dans un tube avec le gaz de la houille ; il s'échappe par deux orifices étroits, brûle en dards de feu, qui se projettent sur un petit crayon de magnésie ou de zircone. Le petit cylindre terreux rougit, devient incandescent et projette de toutes parts mille rayons étincelants. La forme des becs a été successivement modifiée, de manière à atteindre la meilleure disposition. — Aujourd'hui, on se sert presque uniquement de crayons de zircone, qui donnent une lumière blanche très - pure et très-éclatante.— L'hydrogène et l'oxygène arrivent isolément par les robinets AB et CD;

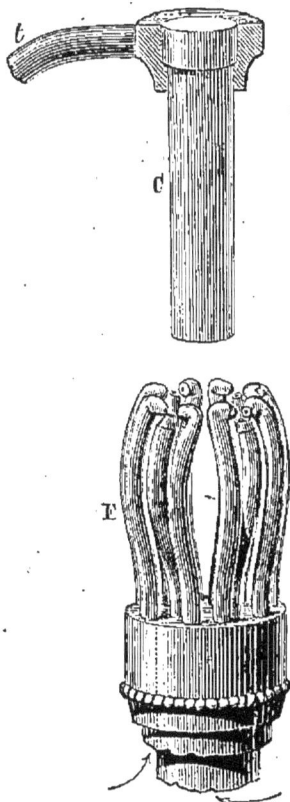

Fig. 46.

(fig. 45); ils se mélangent dans un réservoir cylindrique et sont allumés à l'extrémité des tuyaux *f*, *f*, *f*; le dard de feu est dirigé sur le crayon de zircone, dont on règle la hauteur au moyen du support mobile *t*, et il ne tarde pas à devenir incandescent. Un autre bec consiste en un plus grand nombre de tuyaux, qui donnent naissance à une série de flammes embrasant mieux le zircone (fig. 46 et 47).

Ce mode d'éclairage a de grands avantages ; avec lui, plus de flamme qui oscille sous l'action du vent, et qui s'éteindrait à la pluie ; c'est un point fixe, immobile, une étoile à la lueur blanche, un petit soleil en miniature. L'expression de soleil n'est pas ici prise tout à fait au figuré ; la lumière de Drummond mise en pratique par M. Tessié du Motay a, comme la lumière électrique et la lumière au magnésium, les mêmes propriétés que les rayons solaires. Elle peut impressionner la plaque daguerrienne, et le photographe peut l'utiliser avec avantage, pour tirer des clichés pendant la nuit, ou prendre des vues, dans des caveaux obscurs, dans des mines, dans les temples de l'antique Égypte creusés dans le roc, en un mot partout où la lumière du jour ne pénètre pas. Elle offre aussi ses inconvénients : quelle médaille n'a pas son revers ! Elle nécessite un double tuyautage, et revient sans nul doute à un prix plus élevé que le gaz de l'éclairage ; mais elle donne une lumière plus vive, une lueur plus blanche ; c'est un éclairage de luxe, et, dans notre civilisation, il y a assez de bourses bien garnies pour que le nouveau procédé obtienne un grand succès. Les magasins, les rues luxueuses, les théâtres, pourront s'éclairer avec les nouveaux becs oxhydriques, et il est probable que bien des commerçants ne re-

garderont pas à un surcroît de dépenses pour briller, aux yeux du public, d'un plus vif éclat que
leurs voisins.

Fig. 47. — Bec oxhydrique.

La lumière au théâtre. — La lumière de Drummond est depuis fort longtemps utilisée dans
les théâtres, pour produire certains effets de mise
en scène. On la fait jaillir dans une petite lampe

où concourent à la fois le gaz de la houille et
le gaz oxygène; les rayons qui s'en échappent
peuvent être projetés en un seul point, et imiter la lune sur la toile de fond. On peut les
faire passer à travers des verres colorés de
toutes nuances et obtenir ainsi des effets curieux. Faust, à l'Opéra, fait son apparition au
milieu d'un jet de lumière rouge, et, à la Porte-
Saint-Martin, quand le criminel vient, pendant la
nuit, verser le poison dans la coupe de l'innocente
qui dort sans rien soupçonner, on lui jette au
visage un rayon verdâtre qui produit toujours
le meilleur effet. On se rappelle encore la robe
étincelante de *Peau d'âne* à la Gaieté, le char de
la madone des roses, qui glisse au milieu des
rayons d'un soleil artificiel, et les spectres de
M. Robin. Tous ces effets qui nous charment sont
dus à la lumière de Drummond, et le gaz de la
houille joue son rôle dans cette mise en scène.

Le charbon de terre est décidément de toutes
les fêtes; il intervient partout, et l'industrie trouve
sans cesse le moyen d'utiliser le modeste charbon
fossile. Dans les théâtres, il ne se contente pas de
faire briller la scène d'un vif éclat, il éclaire la salle
où il jette mille feux sur les diamants des avant-
scènes et sur les étoffes aux vives couleurs; on
peut dire qu'il s'éclaire lui-même, car, parmi toutes
ces robes, il en est certainement beaucoup qui
doivent leur beauté aux couleurs du goudron de

houille, que nous allons étudier dans la suite. La houille éclaire la salle, elle illumine l'artiste, et elle peut parer, par ses matières colorantes, les dames qui assistent à la représentation ; elle est à la fois l'acteur et le spectateur.

On a certainement un peu abusé de ces lumières éclatantes dans la mise en scène de nos théâtres, et le spectateur finira sans doute par se lasser de ces rayons éblouissants qui jaillissent sur chaque décor dans tous les actes et qui ne remplacent que médiocrement les mots d'esprit, qu'ils ont chassés de certains spectacles ; les hommes sont véritablement de grands enfants qui s'amusent surtout des nouveaux jouets qu'on leur donne..., et qui les oublient aussi vite qu'ils les ont aimés... Du reste, il faut savoir garder en tout le juste milieu que commande le bon sens, et je me garderai bien de blâmer cet excès d'éclairage, que je préfère de beaucoup aux procédés barbares qui étaient en faveur à une époque assez proche de la nôtre. — Voici un passage de Lavoisier qui nous apprend comment le brillant dix-septième siècle entendait l'éclairage :

« Le siècle de Louis XIV, qui a pour ainsi dire fixé en France les arts de toute espèce, n'avait procuré, ni à la ville de Paris ni aux villes principales du royaume, aucune salle de spectacle; on ne peut, en effet, donner ce nom à ces carrés allongés, à ces espèces de jeux de paume dans lesquels

on avait élevé des théâtres, où une partie des
spectateurs était condamnée à ne rien voir et l'autre à ne rien entendre. Ainsi, il n'avait pas été
donné au siècle qui avait produit de grandes choses
dans presque tous les genres, de voir élever des
salles de spectacle, dignes de la magnificence du
souverain, de la majesté de la capitale et des
chefs-d'œuvre dramatiques qu'on y représentait.

« La manière d'éclairer le spectacle et les spectateurs répondait à cette espèce d'état de barbarie;
un assez grand nombre de lustres tombaient du
haut des plafonds; une partie éclairait l'avant-
scène, l'autre éclairait la salle; et il est peu de
ceux qui m'entendent qui n'aient vu déranger les
spectateurs pour moucher les chandelles de suif
dont ces lustres étaient garnis. »

CHAPITRE VIII

LA CHALEUR ET LA FORCE MOTRICE

Chauffage des établissements publics et des appartements. —
Fourneaux de cuisine et de laboratoire. — Machine Lenoir. —
Aérostats.

On a souvent cherché à faire concourir le gaz
de la houille au chauffage, et plusieurs fabricants
ingénieux ont confectionné des calorifères et des
systèmes de cheminée très-pratiques et d'un excellent effet. Dans les appartements, le gaz a bien
du mal à s'introduire pour remplacer le bois ou
charbon qui brûle dans le foyer; avec lui, il n'y
a plus ce même coin du feu, l'ami desrêveries et
de la causerie; on ne peut plus, armé de la pin-
cette, tourmenter les tisons, les rassembler en un
échafaudage, et la flamme régulière qu'il produit
au milieu de similibûches, impitoyablement as-
sises les unes sur les autres, sans jamais s'user
ou changer d'aspect (fig. 48), devient à la longue
monotone et fatigante.

Il n'en est pas de même pour le calorifère qu'on ne voit pas, et le gaz pourrait être utilisé dans cet appareil beaucoup plus qu'il ne l'est jusqu'ici. On confectionne enfin des poêles dont l'extérieur est semblable à ceux qu'alimente le coke ou le

Fig. 48. — Cheminée à gaz.

bois, mais dont la chaleur est produite par une série de becs de gaz comme l'indique la figure 49. Ces appareils de chauffage commencent à être assez employés, surtout en Angleterre. Ils ont l'immense avantage de ne produire ni poussière ni fumée, de pouvoir s'allumer et s'éteindre instantanément. — Certaines cheminées à gaz, où des réflecteurs placés derrière la flamme rayonnent la chaleur au lieu de l'absorber, sont encore assez usités. Ils donnent une quantité de calorique beaucoup plus considérable que les cheminées

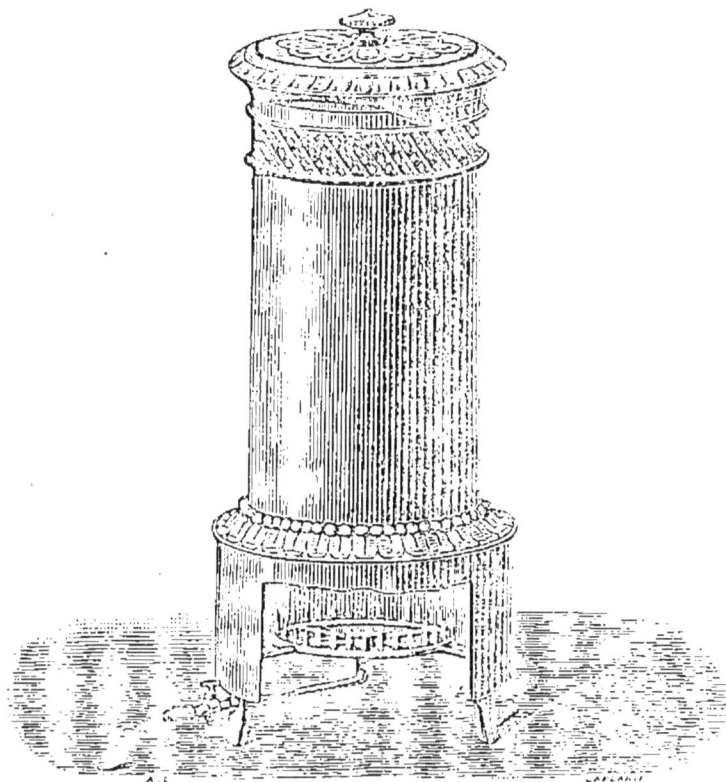

Fig. 49. — Poêle chauffé au gaz.

ordinaires, qui, d'après l'expression de l'illustre Arago, semblent être disposées pour produire la plus petite dose de chaleur possible, en usant la plus grande quantité de combustible. — Nos cheminées, en effet, sont tapissées de parois noires qui absorbent la chaleur, la fumée chaude

12

sort par le toit, et la chaleur réfléchie est presque
insignifiante. — Comme procédé économique de
production de chaleur, rien n'est plus barbare que
la cheminée moderne. — Le procédé du Hottentot
qui dispose son foyer au milieu de sa hutte est

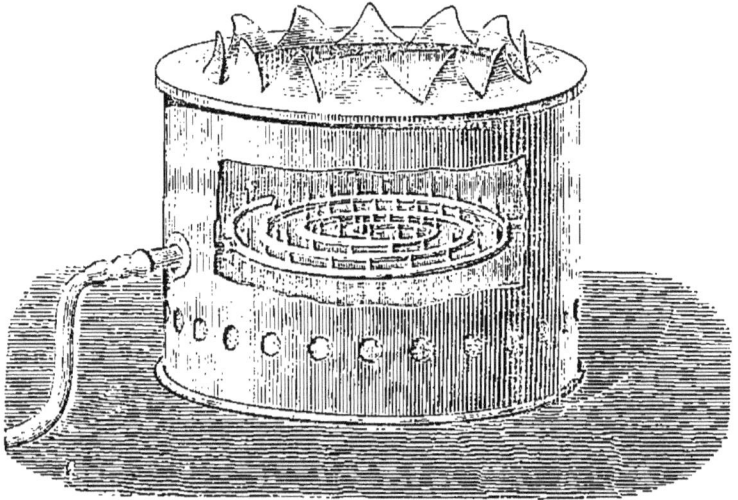

Fig. 50. — Fourneau de laboratoire.

beaucoup plus sage, car au moins la chaleur est
rayonnée dans tous les sens au lieu d'être seulement émise par une étroite ouverture. — Que de
fois a-t-on déjà dit ce que nous répétons ici ! Mais
que de temps, que d'affirmations, que d'expériences sont nécessaires pour vaincre la routine,
les préjugés, l'habitude, barrières infranchissables
qui arrêtent toute invention nouvelle !

Les fourneaux économiques des cuisines sont
alimentés avec avantage dans un grand nombre
de cas, et le cuisinier qui veut faire bouillir

de l'eau ou cuire rapidement un ragoût ne se plaindra jamais de n'avoir qu'un robinet à ouvrir pour obtenir un feu ardent, au lieu d'enflammer péniblement le charbon de bois qui produit une poussière si abondante par les cendres qu'il laisse en résidu.

C'est surtout dans les laboratoires de chimie que le gaz de la houille joue un grand rôle comme agent de chauffage, et il n'y a plus guère que quelques vieux chimistes rébarbatifs qui l'emploient encore à contre-cœur, préférant leur vieux charbon et leurs vieilles pincettes.

Quelles merveilles que ces fourneaux de chauffage dans nos laboratoires! Voulez-vous chauffer un vase rond ou plat, voici un fourneau qui s'allume instantanément et qui produit une série de flammes régulièrement étagées pour prendre la forme même de votre vase (fig. 50 et 51). Voulez-vous porter à une haute température un tube allongé, vous trouverez une autre grille qui est formée d'une série de becs formant un ruban de feu. Voulez-vous enfin faire fondre des substances qui résistent aux feux ordinaires, il sera facile de mettre à profit une lampe de forge où l'oxygène s'insuffle au milieu du jet enflammé de gaz et produit instantanément la température la plus élevée que la science sache actuellement produire. Tout cela sans préparatifs préliminaires, sans papier à allumer sous le charbon, sans fumée comme préam-

bule de votre préparation, sans poussière comme
conclusion, et sans un vaste foyer que vous pouvez à peine éteindre, quand vous n'en avez plus
besoin, comme exorde.

Que ne vivez-vous encore, incrédule Clément.

Fig. 51. — Bec Wiesneg.

Désormes, qui vouliez tuer à sa naissance le merveilleux gaz de la houille! vous verriez nettement
aujourd'hui ce que valaient vos arguments fu-
nestes, et vous brûleriez vous-même les mauvaises
brochures qui les contenaient à la flamme de nos
becs de gaz. Vous seriez bien contraint d'avouer la
fausseté de vos opinions, et vous ne manqueriez
pas d'être étrangement surpris en apprenant que
le gaz de la houille n'est pas uniquement un

agent puissant d'éclairage et de chauffage, mais qu'il est destiné à devenir un jour la source d'une force motrice efficace.

La machine Lenoir a été un des premiers types utilisables des moteurs à gaz, et nous devons examiner cette question si importante.

Il y a près de trois siècles, un homme alors obscur, actuellement inconnu, conçut le plan d'un moteur à gaz ; ses expériences servirent de base à une longue série d'essais, qui, après mille transformations, mille métamorphoses, devaient donner naissance à la machine Lenoir.

En 1678, Jean de Hautefeuille, chapelain en l'église royale de Saint-Aignan d'Orléans, publia une brochure, un opuscule intitulé :

Pendule perpétuelle avec un nouveau balancier, et la manière d'élever l'eau par le moyen de la poudre à canon et autres nouvelles inventions.

En lisant ce travail, on y trouve la description de plusieurs appareils ingénieux, dans lesquels la force expansive de la poudre à canon est mise à profit pour élever une colonne d'eau enfermée dans un tuyau métallique : Jean Hautefeuille, en utilisant pour la première fois la force élastique des gaz qui se dégagent par la combustion de la poudre, fit faire à la science un pas immense ; il ouvrit aux inventeurs un chemin qu'ils allaient suivre et qui devait les mener aux plus merveilleux résultats.

Denis Papin s'arrêta longtemps à l'idée des moteurs de ce genre : « C'est, disait-il, une belle et noble tâche, de tourner au profit des usages et des besoins des hommes la force de la poudre qui n'a presque été, jusqu'à présent, qu'un instrument de destruction, de mort et de ruine. »

La poudre à canon a causé, en effet, bien des ravages ; mais la puissance destructive dont elle est douée est telle, qu'elle doit peut-être amener la fin des guerres et devenir dans la suite un agent pacificateur. Quand, en 1520, Roger Bacon vit éclater le vase dans lequel il faisait son mélange, pour étudier la poudre de guerre, il ne songea pas tant à fournir aux hommes un agent de carnage et de ruine qu'un moyen de travail et de prospérité.

Denis Papin poursuivit longtemps l'idée d'utiliser la puissance de la poudre pour produire une force motrice utile. Il ne tarda pas cependant à s'apercevoir que cet agent possède une force trop brutale, et que les machines qu'on fait agir par ce moteur sont soumises à de violentes secousses capables de les détériorer ou de produire les plus graves accidents. Renonçant à la poudre à canon, abandonnant ainsi les moteurs à gaz, il construisit, en 1690, une machine à pistons et à soupapes marchant par l'action de la vapeur.

Il y avait là le germe des idées fondamentales de nos moteurs : force élastique de la vapeur d'eau utilisée à mouvoir un piston, destruction par le refroidissement de cette force élastique.

A partir de ce moment, les moteurs à gaz, nous le répétons, sont laissés de côté. Le vent des découvertes soufflait ailleurs. Papin dirigea tous les regards vers la vapeur ; et on comprit après lui que cet agent discipliné, souple et puissant, était appelé au plus brillant avenir.

En 1791, John Barbe revint cependant aux machines à gaz et, substituant l'hydrogène à la poudre, fit apparaître l'idée sur laquelle repose la machine Lenoir.

Si nous arrivons, enfin, au seuil de notre siècle, nous voyons Philippe Lebon découvrir le gaz de l'éclairage et annoncer que ce produit est capable de donner « non-seulement beaucoup de lumière et de chaleur, mais encore une force motrice considérable. » Et, en quelques mots, il esquisse le projet d'un moteur à gaz hydrogène que son génie inventif lui a immédiatement dicté.

Les lignes tracées dans ce sens par la main de l'illustre Lebon font admirer sa clairvoyance d'esprit, ses conceptions hardies et ses vues profondes qui lui permettent de prévoir l'application de son nouveau gaz comme force motrice.

La machine Lenoir a été une nouvelle tentative faite dans cette voie.

A première vue, cette machine rappelle la forme des machines à vapeur ; on y remarque, en effet, un corps de pompe dans lequel se meut un piston, semblable à celui de ces derniers moteurs; on y retrouve la bielle et la manivelle dont le jeu est toujours le même ; on y retrouve le volant, et on s'aperçoit que la ressemblance entre les deux appareils est encore augmentée par le mouvement de certains organes de transmission.

Mais, à première vue aussi, on s'étonne de ne plus trouver dans ce nouveau moteur ni chaudière ni foyer, et par suite ni feu ni fumée.

Ce n'est donc pas la vapeur qui l'anime. Quelle est la force qui le fait agir?

L'agent qui imprime le mouvement aux différents organes de cette machine n'est autre que le gaz de l'éclairage.

Ce gaz en brûlant développe une quantité de chaleur considérable, chaleur capable de déterminer la dilatation d'un certain volume d'air. C'est là le fait sur lequel repose le moteur inventé par M. Lenoir.

Dans un cylindre horizontal, pourvu d'un piston mobile, on fait arriver, au moyen d'un distributeur d'une forme particulière, une série de petits filets de gaz qui se mêlent à l'air emprisonné dans ce cylindre.

Au moyen d'un commutateur établi et fixé sur le bâti de la machine, qui en règle elle-même le jeu, on fait passer dans le cylindre une étincelle électrique, ou plutôt une série d'étincelles que

fournit une bobine de Ruhmkorff. Le gaz de l'é-
clairage s'enflamme et développe une quantité de
chaleur considérable ; cette chaleur dégagée di-
late l'air non décomposé par la combustion, en
produisant une force expansive capable de faire
mouvoir le piston et les pièces qui y sont adap-
tées.

Le commutateur précité fait jaillir les étincelles
tantôt d'un côté du piston, tantôt de l'autre. Cet
organe revient donc sur ses pas en continuant
ainsi son rapide mouvement de va-et-vient.

Rien de plus curieux que de voir cette machine,
sans chaudière et sans foyer, fonctionner avec une
admirable précision, en faisant entendre seulement de petites détonations causées par le courant
électrique et analogues à une nuée d'étincelles
qui crépiteraient dans l'âtre.

Après cette esquisse rapide du moteur Lenoir,
arrivons aux prophéties dont elle a été l'objet, et
voyons quel est le rôle de ce moteur de l'industrie. On a prétendu que la machine Lenoir fonc-
tionnant sans foyer reculerait l'heure où doivent
s'appauvrir les gisements houillers. Il est vrai que,
dans les ateliers où est installée cette machine,
on ne brûle pas de houille, mais on consomme
du gaz de l'éclairage. Mais la quantité de gaz consommé par la machine Lenoir provient d'une
quantité de charbon à peu près équivalente à celle

que brûlerait le foyer d'une machine à vapeur de même force. La consommation de la houille ne diminue donc pas sensiblement. Il n'y a de changé que le point de la consommation : l'effet produit reste le même.

On a prétendu que la machine Lenoir devait dissiper les craintes d'explosion. Il se peut qu'un mélange détonant se fasse jour dans le cylindre et produise l'effet qu'une confiance exagérée ne pouvait admettre.

On a encore prétendu que le moteur Lenoir était économique; qu'il était de beaucoup moins dispendieux que les anciens moteurs.

Les expériences les plus décisives, exécutées au Conservatoire des arts et métiers, démontrent qu'on a encore ici surfait le mérite de cette nouvelle machine.

« Autant que nous puissions le conclure des faits qui se sont produits devant nous, la dépense est sextuplée, et nous attendrons de nouveaux faits avant de croire à la possibilité d'employer économiquement la machine à gaz pour remplacer la vapeur. »

Nous extrayons ces lignes du rapport de M. Tresca, ingénieur, sous-directeur du Conservatoire, et nous ajouterons que les expériences répétées quelque temps après par d'autres ingénieurs ont fourni les mêmes résultats.

Telles sont les imperfections du moteur Lenoir;

voyons maintenant quels en sont les côtés avantageux, quels en sont les mérites.

Hâtons-nous de dire que ses mérites sont importants et nombreux. Qu'on ne se méprenne pas
sur nos intentions : sans vouloir dénigrer une invention des plus remarquables et des plus utiles,
nous avons voulu montrer ses côtés faibles et les
opposer en toute justice aux avantages qu'on en
peut espérer.

Dans le moteur Lenoir, plus de foyer, par conséquent plus de fumée, ce qui est un résultat de
la plus haute importance ; pas de chaudière, ce
qui permet à cette machine de prendre les plus
petites dimensions, d'où il suit que le plus petit
atelier peut avoir son moteur.

Pour animer ce nouvel appareil, il suffit d'ouvrir un robinet ; soudain le piston se met à mouvoir, le travail s'exécute comme sous la baguette
d'une fée qui semblerait avoir supprimé par en-
chantement le chauffeur et le mécanicien.

A bord des bateaux, où la place est précieuse, le
moteur Lenoir serait d'une utilité incontestable. On
préparerait l'hydrogène au moyen de ferraille et
d'acide sulfurique, et l'on diminuerait aussi notablement toutes les chances d'incendie.

Enfin, toutes les fois qu'on pourra se contenter
d'une force peu considérable, qu'il sera nécessaire
d'économiser le terrain, et qu'on voudra se garan-
tir de l'incendie, cette machine remplira toutes

ces conditions avec une rare perfection. Ce nouveau moteur, qui a tant fait de bruit, est aujour-
d'hui presque complétement délaissé, sans doute
à cause de la dépense qu'il nécessite ; mais nous
croyons cependant que de nouveaux inventeurs
dirigeront un jour leurs regards vers les moteurs
à gaz, et que le germe, aujourd'hui infécond parce
qu'il n'est pas cultivé, devra tôt ou tard porter ses
fruits.

Puisque nous voulons, dans ce chapitre, faire
ressortir les nombreuses qualités du gaz de la
houille, nous ne devons pas oublier que, par sa
faible densité, il peut être employé dans le gonflement des aérostats, et que, nouveau moteur, il
enlève dans l'espace la sphère de soie qu'il remplit. — Plus léger que l'air, il permet au naviga-
teur aérien de s'élever dans l'air pour aller planer
au milieu des phénomènes météorologiques, dans
le monde des nuages. — N'oublions pas que, s'il
nous est permis de rivaliser avec les oiseaux, dans
le pays enchanté du calme et de la solitude des
scènes grandioses et des imposants spectacles,
nous le devons encore à l'humble charbon fossile.

Nous renvoyons le lecteur à l'ouvrage des
Voyages aériens, que nous venons de publier, avec
quelques-uns de nos collègues de l'air.

CHAPITRE IX

LES RÉSIDUS

La richesse dans les résidus. — Le coke. — Le charbon de cornue. — Les sels ammoniacaux et les engrais. — Le bleu de Prusse. — Le goudron. — Ses usages. — Sa distillation. — Huiles légères et huiles lourdes.

Nous n'avons jusqu'ici abordé que la première partie de l'histoire de la houille ; c'est seulement le premier acte de cette étonnante féerie qui s'est déroulé à nos yeux. Le charbon de terre, ce résidu des forêts antédiluviennes, a donné le gaz de l'éclairage. Mais, pour le produire, il a formé de nouveaux résidus ; ceux-ci eux-mêmes se métamorphosent en une série de substances utiles.

Dans la cornue de terre de l'usine à gaz, nous avons vu se former le coke, charbon poreux, combustible précieux, qui alimente les machines à vapeur ; qui brûle en produisant une chaleur intense, et qui est aujourd'hui reconnu comme si indispensable à certaines industries, qu'on le fabrique spécialement pour les usages de la métallurgie.

L'appareil généralement employé dans les usines à gaz est représenté par la figure 52. — Il se compose d'une cornue beaucoup plus grande que celles qui sont enchâssées dans les batteries. Chaque cornue a 7 mètres de long et 2 mètres de large ; elle est chauffée dans un fourneau de brique, et les vapeurs qu'elle émet, après avoir été chargée de six tonnes et demie de charbon de terre, traversent le tuyau C et arrivent dans le barillet D, après avoir été aspirées par une pompe. La durée de la distillation est de trente-six heures, et les vapeurs rentrent dans le traitement de l'usine à gaz. — Le coke ainsi obtenu est de très-belle qualité, il se présente en très-gros fragments qui brûlent en dégageant une quantité de chaleur considérable, propre à subvenir aux besoins de la métallurgie.

Dans un certain nombre d'usines, on emploie des fours à coke d'une disposition toute différente. La distillation de la houille s'opère dans de véritables chambres de maçonnerie A, P (fig. 53) et les vapeurs sont entraînées dans des barillets où s'opère la condensation du goudron, et à travers lesquels elles cheminent pour produire le gaz de l'éclairage. Dans ce système, la houille est amenée par un wagon K, qui glisse à la partie supérieure des fours et qui se déverse par un orifice spécial.

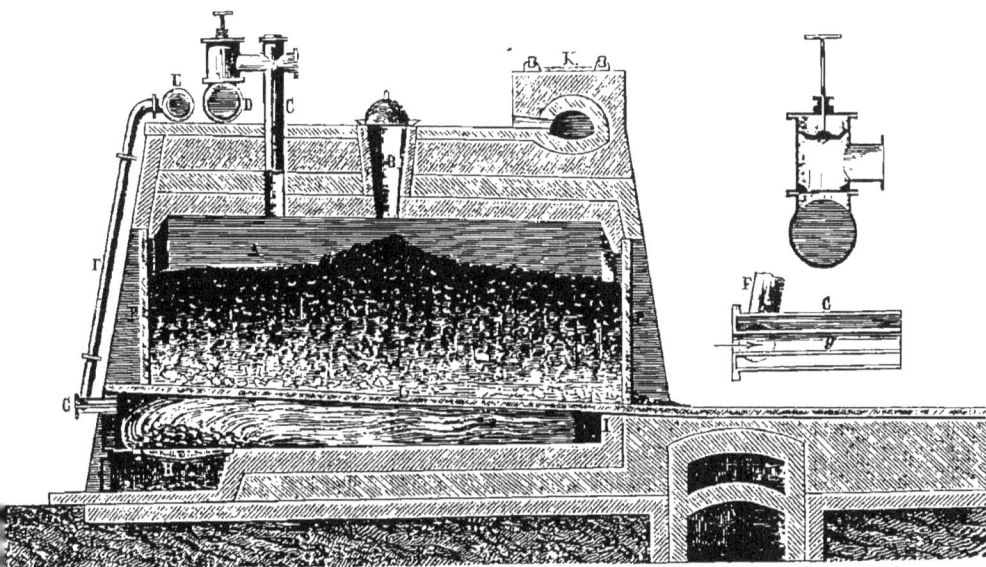

Fig. 52. — Fabrication du coke métallurgique.

Mais revenons à la cornue des batteries de l'u-
sine à gaz. Contre les parois de ces cornues, nous
trouvons encore un charbon plus compacte que le
coke, mais non moins avantageux. C'est le *charbon
de cornue à gaz*, dur, sonore, résistant ; il est fa-
çonné en creusets réfractaires qui servent au chimiste pour opérer des réductions à de hautes tem-
pératures ; il est taillé en crayons que traverse
l'électricité et entre lesquels jaillit l'éblouissante
lumière de l'arc voltaïque. Pendant longtemps
cette matière était abandonnée aux ouvriers qui
en tiraient profit ; mais, aujourd'hui, la compagnie parisienne exploite elle-même ce précieux
résidu, qui ne vaut pas moins de 60 francs les
100 kilogrammes quand il est de bonne qualité et
qu'il est propre à la confection des piles.

Dans les barillets, dans la colonne à coke, dans
la sciure des épurateurs chimiques, nous retirons
encore une eau, chargée de sels ammoniacaux, au
moyen de laquelle on fabrique le sulfate d'ammoniaque, qui est un précieux agent de fertilisation du sol.

Le sulfate d'ammoniaque employé comme engrais enrichit presque toutes les cultures, et 100
kilogrammes de ce sel, répandus sur un hectare,
ont quelquefois fait doubler la récolte. L'ammoniaque produit par la houille peut servir à fabriquer
plusieurs sels d'une haute importance : le nitrate
d'ammoniaque, qui en se dissolvant dans l'eau pro-

duit un froid intense, est capable de donner naissance à de la glace pendant les chaleurs de l'été,
et cette propriété a été parfaitement utilisée dans
un grand nombre de *glacières des familles*; le phos-
phate d'ammoniaque, qui, imbibant les mousseli-
nes et les étoffes légères, les rend ininflammables,
et qui devrait servir à prévenir tant d'horribles
accidents causés par la combustion des robes de
bal.

Enfin, dans l'épurateur chimique, où la sciure
de bois imbibée de sulfate de chaux et d'oxyde de
fer a retenu les sulfures et les cyanures, on trouve
une boue épaisse d'où l'on extrait un *bleu de Prusse*
de très-belle qualité, que la teinture emploie aujourd'hui en grande proportion.

Dans les barillets, dans les jeux d'orgue et surtout dans l'épurateur à coke, nous trouvons enfin
le goudron.

Pendant bien des années, cette matière visqueuse était considérée comme un résidu sans
valeur, encombrant et inutile; on jetait cette matière noirâtre; on la méprisait, et on aurait voulu
ne jamais la produire.

Aujourd'hui cette boue infecte se métamorphose
en richesse inestimable; elle est une source de
produits les plus utiles, et, si elle ne prenait pas
naissance dans l'industrie, on la fabriquerait ex-
près. Le goudron fétide est la base d'une infinité
de matières colorantes les plus pures et les plus

Fig. 57. — Nouveaux fours à coke.

riches ; il est la source de l'acide phénique, ce
médicament précieux ; c'est de lui qu'on retire
l'essence de mirbane, qui parfume les savons et
les objets de toilette ; c'est encore lui qui donne
naissance à ces nouvelles poudres fulminantes si
puissantes et si redoutables. Ces rubans roses ou
verts que nous admirons à l'étalage des magasins
de nouveauté, ces fleurs artificielles aux nuances
si fraîches, ces bonbons et ces sucreries qui ont
l'arome exquis de la poire ou de l'ananas ; ces
parfums à l'odeur agréable d'amandes amères, ca-
chent le goudron de houille sous un déguisement
subtil.

Comment s'opèrent de telles métamorphoses qui
semblent dignes des *Mille et une nuits* ou des contes fantastiques ? Comment l'art a-t-il réalisé des
transformations que l'imagination la plus extra-
vagante n'aurait jamais rêvées ? Et de quelle puissance est donc animée la chimie, qui, semblable à
une fée bienfaisante, peut opérer des changements
à vue si rapides et si surprenants ?

Ces résultats merveilleux ne se sont produits
qu'à la suite de travaux assidus, de veilles prolon-
gées et d'observations patientes ; il n'y a ni hasard, ni bonne fortune, dans ces milliers de faits
si surprenants que nous allons parcourir ; il n'y a
que savoir et travail, qui sont le secret des grandes découvertes. — Si nous profitons partout et à
tout moment des innombrables prodiges accom-

plis par l'industrie moderne ; si nous nous éclairons avec un gaz qui s'échappe de la houille en traversant sous terre de longs et vastes conduits ; si nous nous chauffons en hiver devant un grand feu de coke, qu'on a formé dans l'usine à gaz ; si nous avons à notre disposition les produits tinctoriaux qui embellissent et parent les étoffes, les agents thérapeutiques qui combattent nos maladies, n'oublions pas que, pour obtenir ces produits utiles, s'agite toute une armée de travailleurs assidus, véritable armée du progrès. Des milliers d'ouvriers sont à l'œuvre nuit et jour pour les besoins de la société ; des milliers de savants et d'industriels dirigent tout ce mécanisme complexe et perfectionnent sans cesse les rouages qui le font agir. Bien des inventeurs ont passé avant qu'on ait fabriqué le violet d'aniline, et bien des chercheurs ont laborieusement accepté la tâche difficile de trouver un résultat nouveau. Dans les prodiges de la transformation de la houille, il n'y a d'autre miracle que celui du travail persévérant.

Comment, en effet, donner la liste de tous les novateurs qui ont étudié les nombreux dérivés de la houille ? Il en est dans tous les pays et de toutes les classes qui ont lentement perfectionné l'œuvre de leurs prédécesseurs ou de leurs contemporains ; de simples ouvriers, des fabricants, des marchands ont étudié le goudron de houille, et une fois le premier pas fait, une fois la première matière co-

lorante signalée, chacun a puisé à la source nouvelle. Une fois la première étape réalisée, toute
une pléiade de chimistes de Paris, de Berlin et de
Londres, de Mulhouse, de Rouen et d'Amiens, entrent dans la voie qui vient de s'ouvrir ; les Hoffmann, les Pelouze, les Kopp, les Persoz et les
Schutzenberger, cultivent chaque jour, avec un
succès égal, ce champ inexploré qui s'ouvre à
leurs efforts. Il s'appelle légion celui qui a découvert dans le goudron de houille toutes les matières qui concourent si puissamment aujourd'hui
aux progrès de l'industrie, et nous devons renon-
cer à être complet en présence d'une liste innombrable de produits et d'inventeurs.

C'est par la distillation que l'on commence à
analyser le goudron de houille et à en séparer les
matières huileuses de nature différente.

La proportion de goudron fournie par la houille
varie suivant la nature et la provenance de celle-
ci. En Angleterre, certaines houilles ne produisent que 4 pour 100 de goudron, tandis que d'autres espèces de charbon de terre en donnent jusqu'à 7 pour 100. Ces 4 à 7 pour 100 de goudron
représentent en pratique des quantités considérables. Ainsi, en admettant que la Compagnie Parisienne distille en chiffre rond 440,000 tonnes de
houille par an (ce qui ne s'écarte pas beaucoup de
la vérité), elle donnerait naissance à 22 millions

de kilogrammes de goudron. Quand on jette un coup d'œil sur les innombrables usines à gaz semées sur le territoire des peuples civilisés, on s'assure que la production du goudron atteint des chiffres fabuleux qui, pour l'Europe seulement, ne doivent pas s'éloigner beaucoup de 400 millions de kilogrammes. Cette fabrication, comme nous allons le montrer, pourrait acquérir des proportions bien plus considérables encore si les besoins s'en faisaient sentir.

Le meilleur procédé pour traiter les goudrons consiste à les distiller à feu nu et à la pression ordinaire. Dans une cornue cylindrique dont le col D aboutit à un serpentin E (fig. 54), le goudron est amené par un tube C et soumis à l'action de la chaleur produite par le foyer H.

Quand le goudron a été bien deshydraté, on peut en remplir la chaudière sans nul inconvénient jusqu'à 25 ou 30 centimètres du bord, car alors aucun boursouflement n'est à redouter. La chaudière est généralement en tôle un peu forte, et le fond qui est le plus exposé à s'oxyder ou à se détériorer doit être bombé légèrement vers l'intérieur. Ce fond est muni d'un robinet, à l'aide duquel on peut faire écouler, par le tube G, le brai encore chaud et liquide qui reste en résidu.

On distille habituellement 7 ou 800 kilogrammes de goudron de houille en douze heures. Pour condenser les vapeurs qui s'échappent de la cornue de

Fig. 54. — Distillation du goudron de houille.

tôle, il faut avoir soin de bien refroidir le récipient afin de ne pas perdre au commencement de
l'opération surtout les produits les plus volatils.

En recueillant les liquides extraits du goudron
par la distillation, on obtient, dans la première
phase de l'opération, les *huiles légères* et dans la
seconde, les *huiles lourdes*. Les huiles légères renferment la benzine, le toluène etc., et les huiles
lourdes contiennent surtout l'acide phénique, l'aniline et divers autres produits basiques.

Les eaux provenant du goudron sont ammoniacales, et servent à préparer des sels ammoniacaux.

Généralement aujourd'hui, on traite le goudron
aux alentours de l'usine à gaz où il se produit ;
on le distille dans de grands alambics en tôle qui
n'ont pas une contenance moindre de 20,000 litres.
Plus ces appareils sont grands, et mieux ils se
prêtent à la bonne séparation des essences les
plus volatiles et des huiles lourdes. La meilleure
forme à donner à l'appareil est celle d'un cylindre,
car la distillation du goudron laisse en résidu un
brai, qui trop chauffé se carbonise. On ne peut
donc pas chauffer directement les chaudières à
feu nu ; le foyer est couvert d'une voûte ; l'air
chaud circule seul dans les carneaux et lèche les
parois de l'alambic. On a quelquefois essayé de
rendre la distillation du goudron continue comme
celle de l'alcool ; mais on n'a jamais réussi à construire, à cet effet, des appareils convenables.

Le résidu de la distillation du goudron est une matière pâteuse que l'on appelle brai, et qui sert à fabriquer des asphaltes factices ou des agglomérés ; suivant son aspect, il peut guider le distillateur qui s'assure si le brai est *liquide, gras* ou *sec*.

Voilà pour le résidu de la distillation du goudron : quant aux produits volatils, ils sont condensés par les moyens ordinaires dans un grand serpentin refroidi par de l'eau que l'on renouvelle quand elle est trop échauffée. Pendant la distillation, il passe d'abord des produits très-volatils ; puis des liquides de moins en moins volatils se dégagent, et la température d'ébullition croît jusqu'à la fin de l'opération.

On fractionne ces produits distillés en deu parties.

Le *premier fractionnement* comprend :

1° L'eau chargée de sels ammoniacaux que renferment toujours les goudrons : cette eau sert à préparer le sulfate d'ammoniaque, qui renferme 21 pour 100 d'azote, l'agent de fertilisation du sol par excellence ;

2° Les essences les plus volatiles, c'est-à-dire celles qui bouent en deçà de 150°, et qui comprennent la benzine, le toluène, etc.

Le *deuxième fractionnement* constitue ce que l'on désigne sous le nom d'huiles lourdes ou créosotées ; il donne un produit riche en acide phénique et en aniline.

Dans l'usine des goudrons de la compagnie parisienne, où la distillation s'opère sur une très-grande échelle, les huiles lourdes sont quelquefois déversées dans de vastes récipients en tôle où on les enferme pour les expédier à certaines industries, et notamment à celles qui conservent les bois en les imprégnant de ces huiles lourdes de houille.

Ces huiles légères ou lourdes ne sont généralement pas traitées dans l'usine à gaz, et elles sont expédiées à des fabricants spéciaux qui font la benzine ou l'aniline.

Voici le tableau des principaux produits obtenus par la distillation de la houille :

HUILES LÉGÈRES OU ESSENCE BRUTE DE HOUILLE.	Premier fractionnement. Produits qui distillent de 59° à 150°.	Amylène	59°
		Benzine	86°
		Toluène	108°
		Xylène	153°
		Pyridine	150°
HUILES LOURDES.	Deuxième fractionnement de 150° à 200°.	Cumène	151°
		Lutidine	154°
		Eupione	169°
		Cymène	175°
		Aniline	182°
		Acide phénique	188°
	Troisième fractionnement au-dessus de 200°.	Naphtaline	217°
		Quilonéine	259°
		Anthracène	260°
		Chrysène	500°
		Pyrène	500°
		Etc., etc.	»

Pour servir aux divers emplois auxquels ils sont
destinés, ces liquides bruts fractionnés doivent
être soumis à des purifications.

Pour purifier l'huile légère ou essence brute de
houille, on l'agite avec 5 pour 100 de son poids d'a-
cide sulfurique pendant une heure. L'acide entraîne
avec lui des impuretés, et l'huile surnage ; on
lave l'huile à grande eau, puis avec une lessive
de soude caustique. On la distille à nouveau, et
on obtient un produit liquide transparent qui est
la benzine commerciale. Les huiles lourdes sont
purifiées d'une manière analogue.

Une matière qui acquiert de jour en jour une
nouvelle importance, en raison des matières colorantes qu'elle sert à produire, est la naphtaline,
que l'on extrait du goudron dans des appareils
spéciaux. — C'est une substance solide qui se présente en lamelles nacrées d'un bel aspect et qui
est douée d'une odeur empyreumatique assez
agréable. Elle se produit quand le goudron a aban-
donné les matières volatiles qu'il renferme et qu'il
a atteint la température de 217° environ. — La
matière première est chauffée dans une bassine A,
surmontée d'un tonneau contenant un cylindre B
(fig. 55). La naphtaline sublimée vient cristalliser
contre les parois de ce cylindre, et on la retire en
soulevant le tonneau qui lui sert de récipient, à
l'aide de la poulie C. La naphtaline n'est pas seulement une source de matière colorante, elle est

Fig. 55. — Préparation de la naphtaline.

employée à préserver les pelleteries de l'invasion d'insectes parasites qui les détruisent, et nul doute que ses usages ne s'accroissent encore en suivant les progrès de l'industrie.

Nous venons de voir que, par la distillation, on scinde le goudron de houille en une série de substances distinctes qui vont toutes devenir l'origine de produits utiles, en suivant la filière de transformations chimiques plus ou moins compliquées ; et, parmi ces métamorphoses, il en est vraiment qui sembleraient prodigieuses si on ne pouvait les voir se réaliser sous ses yeux dans les usines où elles s'opèrent. De même que la chrysalide informe donne naissance au papillon tout chamarré d'un duvet brillant et multicolore, certaines huiles extraites du goudron vont devenir l'origine de couleurs brillantes aussi pures que les pétales de la fleur, ou de parfums suaves et délicieux.

CHAPITRE X

LA BENZINE ET SES DÉRIVÉS

Usages de la benzine. — Dégraissage. — Sa transformation en nitro-benzine ou en essence de mirbane. — La Parfumerie. — La Confiserie.

C'est à l'illustre Faraday, un des plus grands savants de l'Angleterre, que revient l'honneur d'avoir signalé la benzine, dont l'histoire allait prendre dans la suite une si grande importance ; la première fabrication industrielle de cette précieuse substance est due à Pelouze. C'est en 1856 qu'elle prit naissance dans la parfumerie de M. Mailly, et elle se fabriqua plus tard à Champerret, dans une usine dirigée par Collas. Aujourd'hui elle se prépare en grand dans un grand nombre d'usines, en France, en Angleterre, aux États-Unis, dans tous les pays civilisés qui distillent la houille.

La benzine ou *benzol* est un liquide incolore, limpide et mobile, doué d'une odeur éthérée quand il est pur, et d'une odeur peu agréable quand il est mélangé à divers carbures, comme l'huile légère directement extraite du goudron de houille. La benzine entre en ébullition à 86°; quand on la refroidit à la température de la glace fondante, elle se fige en une masse cristalline blanche et transparente. Elle brûle avec une flamme fuligineuse très-éclairante.

La benzine dissout très-bien le soufre et le phosphore; elle dissout aussi les corps gras, la cire, la résine, les goudrons, les peintures, et on l'emploie maintenant avec un très-grand succès dans l'art du dégraissage. Elle offre l'immense avantage de pouvoir être appliquée sur les étoffes les plus précieuses, sans détériorer leurs couleurs, sans nuire à leur lustre.

C'est tout un art que celui du dégraisseur; car il faut étudier la nature de la tache pour trouver son dissolvant, examiner l'étoffe pour ne pas la détériorer; mais il est certaines substances comme la benzine que l'on peut employer presque toujours impunément, et la houille vient encore fournir son concours dans ces manipulations délicates.

Quand on fait agir l'acide nitrique fumant sur la benzine, il se dégage des torrents de vapeurs rutilantes, et le liquide ne tarde pas à se séparer en deux couches distinctes, dont l'une est le nitrobenzine. C'est un corps huileux doué d'une odeur aromatique exquise qui rappelle le parfum des

amandes amères, et qui est aujourd'hui employé
en grande quantité pour parfumer les savons, les
pommades et même les bonbons.

N'avez-vous pas vu quelques marchands qui
vendent des savons *au goudron*, et ne vous êtes-
vous pas demandé si cette qualification n'était pas
due à une imagination amoureuse du charlatanisme? Rien n'est plus vrai cependant que cette
désignation, et l'infecte benzine, sous le jeu des
réactions chimiques, donne un parfum véritable.

Aujourd'hui la passion des parfums ne ressem-
ble plus à ce qu'elle était dans les temps anciens,
et nous ne recherchons plus les odeurs qui faisaient autrefois les délices de l'Arabie, de l'Orient
et de Rome. Nous savons toutefois apprécier cette
odeur agréable de l'essence de mirbane que
nous fournit le goudron de houille, d'autant plus
que son prix est très-modéré, et qu'il est loin de
celui de l'antique essence de nard qui, sous les
empereurs romains, se payait au poids de l'or, à
ce que disent les auteurs latins.

Ce n'est pas d'hier que les parfums sont de
mode, et la lecture des documents anciens nous
prouve même que depuis des siècles l'usage des
matières odoriférantes a singulièrement diminué.
Les dames égyptiennes portaient sur elles de précieux sachets de gommes-résines fort aromatiques,
et Homère nous rapporte que, lorsque les dieux de
l'Olympe favorisaient d'une visite un heureux

mortel, ils laissaient sur leur passage une odeur
d'ambroisie très-pénétrante, signe certain de leur
nature divine. — Le même auteur nous apprend
que les Grecs enfermaient leurs habits dans des
coffres odorants, et que pendant leurs repas des
cassolettes versaient dans l'atmosphère des vapeurs
embaumées. A-t-on oublié que le sage Solon blâ-
mait ce raffinement efféminé et qu'il défendait aux
Athéniens de se servir de parfums ? Ne se rappelle-
t-on pas que ce luxe fut encore proscrit à Lacédé-
mone ? A une autre époque, Socrate ne dut-il pas
aussi blâmer l'emploi des aromates ? Il s'écrie avec
indignation : « L'esclave et l'homme libre ont la
même odeur, quand ils sont parfumés ! »

A quels excès de parfumerie ne se livrèrent pas
aussi les Romains, qui employaient avec profu-
sion les essences pour inonder leurs bains, leurs
chambres ; ils en mêlaient au vin, ils en répan-
daient sur la tête de leurs convives, et versaient
une pluie d'eau de senteur dans leurs amphi-
théâtres [1].

L'usage des parfums semble ne s'être jamais
complétement perdu ; car, plus tard, Grégoire de
Tours nous parle de l'art avec lequel Clotilde,
Brunehaut et Galsuinte relevaient l'éclat de leur
beauté à l'aide d'essences végétales. Mathieu de
Coucy rapporte que, dans un repas donné par Phi-

---

[1] Gallus, Tibulle, Horace

lipppe le Bon au duc de Bourgogne, des fontaines
versaient des torrents d'eau de rose. — Les alchimistes au moyen âge vendaient des senteurs, et
les historiens prétendent que c'est grâce à l'emploi
de cosmétiques préparés par Paracelse que Diane
de Poitiers conserva ses charmes jusqu'à la vieil-
lesse.

L'amande amère, qu'imite si bien la nitro-benzine du goudron de houille, paraît avoir été intro-
duite en France sous Louis XIII, et la pâte d'amandes
fut employée par Anne d'Autriche et plus tard par
Ninon de Lenclos [1]. C'est là une odeur plus douce
que les parfums en faveur chez les anciens, et
peu après nous voyons s'épurer le goût des substances aromatiques. Aujourd'hui la vanille, la
violette, l'amande amère ont remplacé la rose, le
musc et les senteurs fortes, pénétrantes, éner-
vantes que préféraient les civilisations antérieures.

L'huile artificielle d'amandes amères ou nitro-
benzine, dont l'usage en parfumerie s'étend de
jour en jour, a été découverte par Mitscherlich en
1834, et à cette époque on ne soupçonnait guère
qu'à l'Exposition de Londres de 1851 on verrait
paraître en abondance les premiers savons à la
nitro-benzine ; on soupçonnait encore moins que
cette odeur agréable pouvait être obtenue par la

---

[1] Voyez Jean Leclaut : quatre livres de secrets de médecine.
Rouen, 1628.

simple action de l'acide nitrique sur la benzine que l'on extrait du goudron de houille. Mais, quelque étranges que soient ces modifications, elles ne représentent pas les plus surprenants prodiges des métamorphoses du résidu noir de l'usine à gaz.

Le gourmet qui aime les confiseries peut aussi savourer le goudron de houille sous la forme de nitro-benzine ; mais il ne se doute pas qu'il le mange encore sous d'autres déguisements bien plus subtils.

C'est ainsi que l'acétate d'oxyde d'amyle, que l'on peut préparer par des voies détournées à l'aide du goudron, donne une excellente odeur de poires aux compotes qui ont été préparées avec des fruits de qualités inférieures ; l'éther butyrique, le valériate d'oxyde d'amyle ont la même origine : le premier produit est doué d'une odeur exquise d'ananas, et il peut servir à fabriquer des sorbets à l'ananas dans lesquels le fruit des tropiques ne joue aucun rôle ; le second a l'odeur de la pomme. Les bonbons anglais qui ont le parfum exquis de la poire, de la pomme et de l'ananas, sont ainsi fabriqués avec des substances voisines de la benzine et dérivées comme elle du charbon fossile. Le confiseur se sert fréquemment de ces essences dérivées de la houille, et on peut le voir, dans ses *laboratoires*, verser ses éthers aromatiques sur les sucreries qu'il parfume (fig. 56).

Il n'est pas jusqu'à l'alcool lui-même que l'on ne puisse fabriquer à l'aide de la houille. Cette admirable synthèse a été réalisée par M. Berthelot, en faisant agir l'acide sulfurique sur l'hydrogène

Fig. 56. — Bonbons à l'acétate d'oxyde d'amyle.

bicarboné, un des éléments constitutifs du gaz de l'éclairage.

Par une agitation réitérée et par un contact prolongé, on obtient ainsi une combinaison, l'acide sulfovinique, qui peut facilement donner naissance à l'alcool.

Encore un pas, et l'industrie prendra possession de cette importante réaction théorique. Le
jour n'est peut-être pas loin où ce ne sera ni la
canne à sucre ni la betterave qui nous fourniront
l'esprit-de-vin ; on le tirera du détritus noir des
forêts antédiluviennes.

Nul n'est en droit aujourd'hui de s'étonner à
l'idée d'une telle métamorphose. La chimie ne
sait-elle pas extraire de l'argile ce métal sonore,
brillant et léger, qu'on appelle l'aluminium, n'ac-
complit-elle pas tous les jours sous nos yeux des
changements à vue, tout aussi merveilleux, tout
aussi incroyables ?

CHAPITRE XI

L'arc-en-ciel et les couleurs de la houille. — La gamme chroma-
tique. — Le rouge Magenta. — Le bleu. — Le violet.— Le vert.
—Le jaune.—Le noir et le gris.—Usages divers de ces matières
colorantes.

Parmi les substances extraites du goudron de
houille, c'est l'aniline qui est la base de toutes les
matières tinctoriales nouvelles, dont la beauté, et
l'éclat ont si justement attiré l'attention du monde
industriel et du public. Pendant la guerre d'Italie,
on a vu paraître, dans les magasins, des teintures
roses ou rouges qu'on a appelées, en souvenir de
nos victoires, couleurs *Magenta* et *Solférino ;* la
soie brillait d'un vif éclat sous les reflets de ces
nuances si pures, et c'est à dater de cette époque
que les dérivés colorés de l'aniline ont fait leur
véritable apparition dans le monde ; la plus belle
moitié du genre humain a commencé à se parer
de ces étoffes brillantes, sans se douter qu'elles

devaient leur richesse au noir et infect goudron.

De ces produits, directement extraits d'un résidu sans valeur, on a vu successivement dériver, par des réactions aussi curieuses qu'inattendues, toute une série de splendides couleurs, dont l'éclat, inconnu jusqu'alors, reproduisait dans toute leur beauté les plus admirables productions de la nature. Les pétales de la fleur ne sauraient briller d'un reflet plus vif et plus harmonieux que les couleurs de la houille; l'aile des papillons ou le duvet de l'oiseau-mouche n'est pas plus chatoyant; Le rouge de *fuchsine* n'est pas moins brillant que la fleur dont il a tiré son nom, et, quand on a sous les yeux les écheveaux de soie que l'ouvrier vient de teindre avec ces substances si étonnantes, on croirait voir briller les mille rayons colorés qui s'échappent d'un parterre de fleurs. L'arc-en-ciel n'est pas plus pur, et la variété des nuances qu'on y peut compter n'est pas supérieure à celles du goudron de houille; l'émeraude ne jette pas des feux plus veloutés que le ruban de soie teint au *vert-lumière;* le plus beau saphir ne fait point pâlir le *bleu d'aniline.* La nuance jaune de l'*acide picrique* peut se voir à côté de la topaze, et le violet de la houille ne le cède en rien à l'améthyste la plus transparente ou à la violette la plus fraîche!

L'aniline se prépare aujourd'hui, comme nous allons le voir, à l'aide du goudron; mais on l'avait obtenue depuis longtemps à l'aide d'autres méthodes. C'est un chimiste suédois, Unverdorben, qui, en 1826, signala pour la première fois l'aniline qu'il avait obtenue en distillant l'indigo; il la désigne sous le nom de *kristalline*. Huit ans après, le docteur Runge découvrit cette même substance dans l'huile de goudron de houille et il l'appela *kyanol*.

A une époque postérieure, Fritzsche obtint l'aniline en traitant l'indigo par la potasse hydratée, et il lui donna le nom qu'elle porte actuellement, dérivant de *anil*, qui, en langue portugaise, signifie l'indigo. Enfin, Zinin découvrit bientôt après une réaction des plus intéressantes, qui consistait à produire l'aniline au moyen de la nitro-benzine; il appela la matière ainsi obtenue *benzinam*. Toutes ces substances obtenues par ces divers chimistes ne furent pas d'abord reconnues comme identiques, et c'est au docteur Hoffmann que devait appartenir l'honneur de démontrer qu'elles ne formaient toutes qu'une seule et même substance, l'aniline.

L'aniline s'obtient aujourd'hui dans l'industrie en faisant agir de l'hydrogène naissant sur la nitro-benzine directement extraite du goudron de houille, comme nous l'avons vu dans le chapitre précédent. On traite cette substance par le fer et l'acide acétique dans un appareil cylindrique en fonte d'une capacité de mille litres environ, et dans l'intérieur duquel une palette mise en mou-

vement par la vapeur agite constamment le mélange des substances qui réagissent les unes sur les
autres. On verse dans ce récipient 10 kilogrammes
d'acide acétique étendu d'eau, 50 kilogrammes de
fer et 125 kilogrammes de nitro-benzine. — La
température s'élève promptement, une vive réaction se manifeste, et on ajoute du fer, ou mieux
de la fonte, en faisant fonctionner l'agitateur pendant toute la durée de l'opération. — L'hydrogène
qui résulte de l'action de l'acide acétique sur la
fonte transforme peu à peu la nitro-benzine en
aniline.

L'aniline pure est un liquide incolore, très-as-
tringent, doué d'une forte odeur empyreumatique
et d'une saveur âcre et brûlante; elle bout à la
température de 182°. Elle est la source d'une infinité de couleurs aussi variées que celles du spec-
tre lumineux, dont les nuances suivantes, violet,
indigo, bleu, vert, jaune, orangé, rouge, ne sont
que de faibles échantillons, puisqu'il faut y ajouter des nuances noires, brunes, grises, etc.

C'est en 1834 que Runge, en faisant connaître le
kyanol, découvrit la première couleur extraite du
goudron de houille; il indiqua que ce corps avait la
propriété de donner un magnifique *violet* sous l'action du chlorure de chaux, et un beau *rouge-pourpre*
quand on le traitait par le chlorure d'or. En 1840,
M. Fritzsche remarqua que l'acide chromique, en
agissant sur l'aniline, donne une belle couleur

bleue; en 1843, M. Hoffmann, dans ses beaux et impérissables travaux sur les dérivés de la houille, indique la coloration rouge que donne l'acide nitrique avec cette base. En 1855, M. Beissenhirtz décrit, pour la première fois, la couleur formée par l'action du bichromate de potasse et de l'acide sulfurique sur l'aniline, réaction remarquable qui allait servir de point de départ aux travaux de M. Perkins, et conduire ce savant chimiste à créer l'industrie des couleurs de l'aniline.

Jusqu'ici aucun de ces savants ne songe à l'application des matières colorantes qu'il sont produites, et c'est à M. Perkins qu'appartient l'honneur d'avoir mis en évidence la valeur de l'aniline; c'est lui qui isola, la première fois, sur une grande échelle, la matière colorante violette signalée par Beissenhirtz, et qui démontra qu'elle constituait une matière tinctoriale importante, propre à être fixée sans mordant sur le fil, sur la soie et sur le coton.

En 1858, M. Hoffmann fait connaître à la Société royale de Londres et à l'Académie des sciences de Paris ses travaux *pour servir à l'histoire des bases organiques;* il indique que, par l'action du bichlorure de carbone sur l'aniline, il a obtenu une matière colorante cramoisie d'un très-bel aspect. Le grand savant, en présence de ce fait important, résiste aux conseils de ses amis qui l'excitent à s'assurer l'application de cette matière tinctoriale

par des brevets; « mais, homme de science pure,
il veut laisser à d'autres le soin de tirer de ses observations scientifiques ce qu'elles pourraient avoir
d'utilisable. »

En janvier 1859, un chimiste industriel, M. E.
Verguin, prend un brevet pour la préparation d'une
matière colorante rouge, obtenue dans les mêmes
conditions que celle de M. Hoffmann; il substitue
seulement le bichlorure d'étain au bichlorure de
carbone. Il ne tarde pas à céder son procédé à
MM. Renard frères, qui, le 8 avril 1859, prirent à
Lyon un brevet d'invention, en leur nom seul,
pour cette matière colorante rouge, qu'ils appe-
lèrent *fuchsine*, en rappelant ainsi l'analogie de
couleur qu'elle offre avec le *fuchsia*.

Malgré le succès obtenu par les couleurs de
l'aniline, nous ferons observer encore que, à leur
origine, elles furent accueillies avec une inconcevable froideur, comme l'atteste une note fort curieuse de M. Runge, professeur de technologie à
Oranienbourg. Ce chimiste, après avoir découvert,
comme nous l'avons dit, le premier violet d'aniline, laissa cette matière de côté pendant dix
ans; car plusieurs de ses confrères avaient nié sa
découverte avec énergie, et il ne put trouver aucun
débouché industriel pour son nouveau produit.
Les travaux de M. Hoffmann sur le rouge cramoisi
d'aniline réveillèrent l'amour de Runge pour sa
belle matière colorante.

« Cet incident, dit ce dernier chimiste, attira de nouveau mon attention sur un sujet que j'avais fini par abandonner à peu près entièrement, et, comme je n'avais pas de doute sur son importance industrielle, je fis à la chambre royale de commerce maritime, dont j'administrais alors la fabrique de produits chimiques à Oranienbourg, la proposition de traiter le goudron de houille en vue d'obtenir toutes ces matières nouvelles que je spécifiais, et de les exploiter sur une grande échelle. Tous mes efforts échouèrent devant le rapport d'un employé ignorant. Il m'arriva ici ce qui m'est arrivé aussi avec mes bougies de tourbe et de lignite (parafine), dont j'adressai des échantillons par livres, mais sans succès aucun. Aujourd'hui, elles sont un article de commerce.

« Dans ces derniers temps, enfin, la découverte en question a fait aussi le chemin qu'elle devait faire, et elle a obtenu un immense succès. Différents chimistes ayant déjà montré la manière de préparer le kyanol par d'autres méthodes, et lui ayant donné le nom d'*aniline*, l'Anglais Perkins réussit à le retirer lui-même et les matières colorantes qu'il fournit, de l'huile légère de goudron de houille, au moyen de l'acide nitrique et de quelques autres réactifs en quantités si considérables, que ces matières sont devenues un article de commerce.

« Aujourd'hui, M. Perkins offre aux regards du

public de l'Exposition de Londres un bloc cylindrique de la matière colorante du kyanol (ou de l'aniline, comme on l'appelle à présent), haut de 50 centimètres et large de 25, provenant du traitement de 2,000 tonneaux de houille. Ce bloc de matière colorante suffirait pour teindre 500 kilogrammes de soie, d'après le rapport d'un journal; évaluation qui ne paraîtra pas exagérée, si on se rappelle la vertu tinctoriale du kyanol observée par moi sur un bois de pin.

« Voilà où nous a conduits cette découverte, dont les débuts ont été si chétifs quand elle s'est produite entre mes mains, il y a vingt-huit ans!

« Les jurés de l'Exposition, qui viennent de quitter Londres, se sont rappelé mes découvertes antérieures, et m'ont accordé à l'unanimité la médaille de mérite. Il est très-heureux que la nouvelle de mon succès m'ait encore trouvé vivant! »

Telle est l'histoire rapide des couleurs d'aniline, et la marche des faits, depuis la découverte de la benzine faite en 1825 par l'illustre Faraday, et celle de l'aniline en 1826, jusqu'à l'apparition de l'ère industrielle qui s'ouvre en 1859.

Depuis cette époque bien des brevets nouveaux ont été pris pour d'autres couleurs, et bien d'importantes modifications ont permis d'abaisser les prix de ces riches matières colorantes; bien des procédés ont été proposés et adoptés; et l'histoire complète de l'aniline ne serait pas possible dans un ouvrage de la nature de celui que nous entreprenons. Toutefois, parmi les industriels qui ont le plus contribué aux progrès de cet art nouveau, nous mentionnerons les noms de Mansfield et de Coupier, qui, s'attachant à purifier les matières premières, ont jeté un jour nouveau sur une industrie si importante, tout en rendant à la science de grands et utiles services.

Rouge. Cette matière tinctoriale est une des plus belles de la série des couleurs de la houille ; quand elle est pure, elle offre l'aspect de paillettes verdâtres, irisées comme l'aile d'un charançon. Si on en touche une parcelle avec sa main, on voit apparaître sur la peau des taches rouges très-intenses, et il suffit d'entrer dans une pièce où l'on prépare cette matière, pour que des poussières adhérentes sur votre visage y déterminent des taches rouges. Un ouvrier, peu accoutumé à cet effet, fut un jour terrifié en s'essuyant le front ; après avoir broyé du rouge d'aniline, son mouchoir était coloré comme si le sang lui sortait du visage ; il avait suffi de quelques atomes de rouge d'aniline, qui, par l'effet de la transpiration, s'étaient étalés sur le mouchoir.

Le rouge d'aniline est très-soluble dans l'alcool, et il colore l'eau d'une manière très-énergique.

Pour faire voir quelle est sa puissance colorante, on en verse le contenu d'un flacon sur une feuille de papier, puis on reverse toute la matière dans le flacon ; on agite le papier, et l'œil ne permet pas de distinguer aucune poussière du corps solide. Cependant, si on verse de l'esprit de vin sur la feuille de papier, elle se colore immédiatement en rouge, car l'alcool a dissous les parcelles si minimes qui ont échappé à la vue.

Le rouge d'aniline a été obtenu par divers procédés, et on le connaît sous les noms de *fuchsine, rouge d'aniline cristallisé, Magenta, Solférino, acétate de rosaniline*, etc.

Verguin l'a d'abord obtenu en faisant agir le bichlorure d'étain sur l'aniline, mais il n'obtenait qu'un produit impur. Depuis cette époque, MM. Renard ont préparé le rouge en traitant l'aniline par l'acide stannique, le sulfate de mercure, etc., M. Heilmann l'a fabriqué par l'acide arsénique, enfin MM. Depouilly et Lauth par l'acide nitrique, M. Hoffmann par le bichlorure de carbone.

Le nombre des modes de production va chaque jour en croissant, et il s'élève certainement à plus d'une centaine.

La méthode le plus généralement employée est celle qui consiste à faire agir l'acide arsénique sur l'aniline. On mélange avec précaution vingt parties d'acide arsénique sirupeux avec douze parties d'aniline du commerce. On obtient de cette manière une masse pâteuse qui, évaporée à 100°, devient solide par le refroidissement, et constitue l'ancienne *fuchsine*, ou le rouge d'aniline impur.

Aujourd'hui, on soumet cette matière à des purifications qui consistent à traiter la fuchsine brute par de l'acide chlorhydrique étendu d'eau. On chauffe à l'ébullition au moyen d'un jet de vapeur, et on filtre la liqueur sur de la laine, pour arrêter les matières résineuses impures qui se sont formées. Le liquide filtré est saturé par du carbonate de soude et il ne tarde pas à se former une cristallisation de chlorhydrate de rosaniline, qui est la matière colorante elle-même.

Nous n'entrerons pas dans le détail de la préparation qui est très-minutieuse, et nous ne devons pas perdre de vue le but de cet ouvrage qui ne s'adresse pas aux gens spéciaux, mais seulement à tous les esprits désireux de connaître les résultats de l'industrie, sans les approfondir dans leurs détails.

Bleu. Le bleu du goudron de houille est une nuance très-riche qui est désignée sous les noms de *bleu de Paris*, *bleu de Mulhouse*, *azuline*, *bleu lumière*, etc.

Quand on fait agir l'acide arsénique sur l'aniline, nous avons vu qu'il se formait un rouge d'une nuance admirable; si on augmente la proportion du premier acide, on obtient une couleur bleue, et, si on règle convenablement la proportion, on donne naissance à un violet résultant des deux nuances. Il n'y a pas lieu de s'étonner de ces bizarreries des réactifs, quand on étudie la chimie, car les exemples de ce genre abondent; tel composé, par exemple qui se forme sous l'influence d'une certaine température, se décomposera si la température est plus élevée. Le feu détruit souvent son propre ouvrage ; il en est de même de certains réactifs, qui accomplissent des œuvres différentes, suivant qu'on les fait agir plus ou moins abondamment.

Le mode de production du bleu est toujours assez singulier; c'est ainsi qu'il prend encore naissance quand on fait agir l'aniline sur le rouge d'aniline ; on obtient ainsi, comme l'ont indiqué MM. Girard et de Laire, le bleu-lumière. MM. Persoz, de Luynes et Salvetat, obtiennent le *bleu de Paris* par l'action du bichlorure d'étain sur l'aniline, M. Lauth par celle de l'acide iodique sirupeux, etc.

Violet. Les violets d'aniline sont nombreux ; la *mauve*, la *mauvéine*, le *dahlia impérial*, le *violet Hoffmann*, la *purpurine*, la *fuchsine*, le *violet de Paris*, la *pensée*, n'en sont que quelques représentants choisis parmi un bien plus grand nombre.

Ces bleus s'obtiennent en faisant agir sur l'aniline le chlorure de chaux, le chlore, le permanganate de potasse, le peroxyde de manganèse et l'acide sulfurique, l'oxyde pur de plomb, le chlorate de potasse, et, en général, toutes les matières oxydantes.

Aujourd'hui on l'obtient surtout, en traitant l'aniline par l'acide sulfurique et le bichromate de potasse.

Jaune. Les jaunes de l'aniline ne sont pas très-importants; mais le goudron de houille fournit une couleur jaune, qui se produit aujourd'hui sur une grande échelle, et qui est l'*acide picrique*.

Quand on traite les huiles du goudron de houille, qui bouillent entre 160 et 170°, ou mieux, l'acide phénique extrait de ces huiles par l'acide nitrique, on voit se produire une réaction très-énergique, et il ne tarde pas à se former, par l'évaporation, des cristaux jaunes pailles, qui, purifiés, ont la propriété de colorer l'eau et de former ainsi un excellent bain de teinture.

L'acide picrique est une des matières tinctoriales les plus puissantes, et 1 gramme de cette substance peut teindre en un beau jaune 1 kilogramme de soie!

Vert. Quelle est celle de nos lectrices qui ne connaît le vert-lumière, et qui ne s'est parée de ces rubans aux couleurs vertes si vives, si pures, qui *ne changent pas* à la lumière du gaz ou des bougies? Est-il une feuille d'arbre plus éclatante et plus belle que le ruban au vert-lumière? est-il une pelouze de gazon qui émette des rayons plus doux et plus éclatants?

Le vert-lumière s'obtient en traitant le rouge d'aniline par une matière connue sous le nom d'aldéhyde; cette dernière substance est incolore, mais à peine a-t-elle agi sur le rouge qu'elle le transforme immédiatement en une belle nuance verte.

Nous n'avons que mentionné succinctement quelques-unes des couleurs de la houille, et nous n'avons rien dit des nuances orangées, noires, grises, brunes, que l'on obtient encore. Nous n'avons pas énuméré la centième partie des réactions qui président à la formation de ces couleurs merveilleuses. Quand je vous aurai dit que la toluidine et la xylidine, extraites comme l'aniline du goudron de houille, que d'autres dérivés du goudron, tels que la naphtaline, se transforment encore en riches tinctoriaux, et fournissent de même toute une série de matières colorantes, non moins riches et non moins variées; quand je vous aurai affirmé qu'à chaque instant des préparations nouvelles sont signalées et mettent au jour de nouvelles substances, ne direz-vous pas avec moi que, parmi les plus admirables transformations qu'a inventées la chimie pour en doter les arts, il faut citer en première ligne celle de cet inépuisable goudron.

Si, étant enfants, nous nous sommes extasiés sur le pouvoir apparent du prestidigitateur qui verse tour à tour de la même bouteille une douzaine de liqueurs différentes, ne devons-nous pas, devenus hommes, rendre un juste tribut d'admiration à la puissance réelle du chimiste manufacturier, qui fait sortir du même baril de goudron toutes les couleurs de l'arc-en-ciel?

Les couleurs de l'aniline n'offrent pas seulement l'avantage de la beauté, elles sont encore précieuses par la facilité de leur emploi, et par le nombre immense des usages auxquels elles sont susceptibles de s'appliquer.

Quand on veut faire prendre les matières tinctoriales sur les tissus, il faut généralement que ceux-ci soient préalablement imbibés d'un *mordant*, c'est-à-dire d'un sel minéral ou organique qui facilite la combinaison de la substance colorante avec l'étoffe. Avec les couleurs de l'aniline, plus de mordant, plus de préparation préliminaire, longue, délicate et coûteuse; de grands bains sont chauffés à une douce température; la laine, la toile, ou la soie, sont plongées dans le liquide coloré, et elles en sortent transformées en belles étoffes solidement imprégnées d'une nuance pure et fraîche (fig. 57).

Les couleurs d'aniline ne sont pas seulement employées en teinture; elles servent à un assez

Fig. 57. — Trempage des étoffes dans les bains de teinture.

grand nombre d'industries, et nous devons énumérer les fabrications auxquelles elles prêtent leur concours. La confection des papiers peints et la lithographie emploient fréquemment le rouge et le violet d'aniline, mélangés avec de l'amidon. Ces matières colorantes sont encore usitées pour les matières grasses et les huiles destinées aux impressions typographiques. Le noir d'aniline est devenu la base d'une encre à marquer le linge ; la solution de rouge, additionnée de gomme arabique et d'un sel de cuivre, est étalée sur le linge et y forme d'abord des caractères verdâtres qui passent au noir par leur exposition à l'air. La marque noircit immédiatement, si on y passe un fer chaud, et elle résiste parfaitement bien au blanchissage.

Il n'est pas jusqu'à la photographie qui n'emprunte de nouvelles armes au goudron de houille, et le *British Journal of Photography* nous enseigne un nouveau moyen de fixer l'image de la chambre noire, à l'aide de l'aniline. L'épreuve est tirée directement sur un papier sensibilisé à l'aide d'une solution de bichromate de potasse et d'acide phosphorique. Le développement de l'image s'effectue au moyen d'un mélange d'aniline et de benzine. Les résultats obtenus jusqu'ici laissent encore beaucoup à désirer ; mais il y a là peut-être un avenir aussi fécond qu'inattendu.

Les couleurs tirées de la houille servent encore

à bien d'autres usages que nous sommes forcé de passer sous silence ; nous mentionnerons seulement la coloration de pâtes céramiques, la teinture des pains à cacheter et des bouts d'allumettes.

Un nombre infini de brevets ont été pris pour utiliser les nouvelles substances ; mais où serions nous conduit, s'il fallait les examiner tous ?

CHAPITRE XII

L'ART DE GUÉRIR

L'acide phénique. — Le phénol Bobœuf. — La panacée universelle.
— La thérapeutique. — L'assainissement. — L'usine à gaz et
les poitrinaires. — Inhalation de goudron.

La thérapeutique a ses modes et ses passions ;
elle a ses médicaments favoris qu'elle préconise
et qu'elle exalte ; de temps en temps elle fait sur-
gir quelque remède qui, véritable panacée, doit
guérir tous les maux. Depuis plusieurs années, le
remède souverain, l'agent d'assainissement par
excellence, est encore un produit extrait de cet
inépuisable goudron, d'où l'on tire déjà tant de
choses ; nos lecteurs ont nommé l'acide phénique,
auquel on veut faire jouer un rôle universel ; il
cautérise les blessures et les plaies ; il est épuratif
et fortifiant ; il combat la putréfaction et la décomposition des matières organiques ; il assainit
les hôpitaux ; il doit servir à l'usage externe et à
l'usage interne ; il peut se prendre sous toutes les

formes et pour toutes les maladies. Albert le Grand ou Nicolas Flamel n'ont jamais pu rêver d'antidote plus merveilleux, de panacée plus précieuse et de baume plus salutaire !

Loin de nous la pensée de dénigrer ce phénol si merveilleux, qui a rendu et rend chaque jour de grands services à la thérapeutique ; mais notre intention est de rester dans les limites d'un examen rigoureux, d'une appréciation juste et modérée, sans nous précipiter dans l'enthousiasme exagéré de quelques adeptes trop fervents.

Runge, en préparant pour la première fois cette substance en 1834, se doutait bien peu de son succès futur ; il la retira du goudron de houille et lui donna d'abord le nom d'*acide carbolique* ; Laurent plus tard y substitua celui, d'*acide phénique* (du grec φαίνω, signifiant *j'éclaire*) ; Gerhard, quelques années après, l'appela *phénol*.

Le phénol a été long à faire son chemin dans le monde ; mais, une fois lancé, il s'est rapidement ouvert une voie glorieuse, car il se consomme actuellement en grande abondance ; en un mois, aujourd'hui, on vend plus d'acide phénique qu'il ne s'en était produit dans les trente premières années de son existence. On n'a pas oublié l'immense succès du phénol Bobœuf, qui est essentiellement composé de phénate de soude, et qui s'est livré à la consommation dans des proportions vraiment fabuleuses.

L'acide phénique, quand il est pur, est un corps solide, incolore, qui cristallise en longues aiguilles soyeuses d'un très-bel aspect ; mais la moindre trace d'humidité liquéfie ses cristaux qui produisent alors un liquide huileux et brunâtre. Son odeur forte et aromatique a quelque analogie avec celle de la créosote ou du goudron de bois. Sa saveur est âcre et brûlante ; il agit sur la peau avec une énergie extrême, et y détermine des brûlures dangereuses. Mais il se dissout facilement dans l'éther et dans l'alcool, et c'est ce dernier liquide qui le maintient à l'état de dilution et permet de l'employer en médecine avec efficacité.

L'acide phénique est extrêmement caustique quand il est pur, et il brûle la peau avec une grande énergie. Je n'oublierai jamais un terrible accident dont a été victime un jeune homme qui était garçon de laboratoire sous ma direction ; ce pauvre garçon transportait d'une pièce à l'autre un flacon rempli d'acide phénique ; par mégarde, il le choque contre une table et le casse. Voilà tout le liquide qui se répand sur ses bras et sur ses jambes, qui filtre à travers ses vêtements et attaque les chairs. En moins d'une seconde, il est saisi de vertige et de délire ; des boursouflures énormes, des cloches se forment sur ses jambes, avec une rapidité inconcevable, et par malheur l'eau ne peut rien pour enlever l'acide phénique, qui n'y est pas soluble. Le temps de préparer un onguent oléo-calcaire, et la terrible substance a produit des brûlures profondes, que trois mois de soins guérirent à peine.

L'usage de l'acide phénique en médecine va grandissant chaque jour, et des observations nombreuses mettent en évidence son pouvoir antiseptique. C'est surtout la chirurgie qui utilise cet agent précieux ; mais il est facile de prévoir que, dans un prochain avenir, la médecine interne l'emploiera non moins efficacement que la chirurgie.

Comme on le sait, l'acide phénique s'emploie en dissolution dans l'alcool, et c'est cet alcool phénilique qui sert actuellement dans les hôpitaux. Rarement l'alcool phénilique est employé pur, bien que ce soit un précieux agent de cautérisation ; on a l'habitude de l'étendre d'une quantité d'eau plus ou moins considérable. Une solution qui renferme 3 à 4 grammes par litre d'eau est très-usitée.

Cette eau phéniquée est des plus précieuses pour le pansement des plaies de toute nature, et spécialement pour les plaies creuses, fétides et pour celles qui suppurent. Il n'est peut-être pas de liquide qui convienne mieux pour laver des blessures, et l'alcool lui-même cède le pas à l'acide phénique. Le pansement avec la charpie imbibée d'eau phéniquée suffit pour préserver les plaies d'érysipèle et des autres complications contagieu-

ses. Bien plus, la présence de l'eau phéniquée
dans les salles d'hôpital suffit pour les désinfecter
et en rendre le séjour moins pénible aux gens de
service.

En admettant comme vraie l'hypothèse de l'existence des miasmes animaux, on peut dire que l'a-
cide phénique est le destructeur tout particulier
de ces miasmes ; par suite son rôle sera très-pro-
bablement, tôt ou tard, capital comme préservatif
du choléra et des autres maladies analogues.

L'utilité de l'eau phéniquée dans les soins de
propreté est de premier ordre. L'eau très-légère-
ment phéniquée est excellente pour laver la bouche,
les dents. Il suffit de se rincer la bouche avec l'eau
phéniquée pour éprouver ensuite une sensation
de fraîcheur très-agréable, et conserver des dents
atteintes déjà d'un commencement de carie. Au
premier moment, le parfum empyreumatique du
liquide répugne ; mais on s'habitue à son odeur,
qui cesse bientôt d'être désagréable.

Voici encore un usage bien précieux de l'acide
phénique : il neutralise complétement le venin
des serpents. Quelques gouttes d'acide phénique
suffisent pour foudroyer des serpents monstrueux,
et des expérimentateurs ont constaté qu'une solution forte coagulait le venin. On peut l'appliquer
à l'extérieur sur la plaie venimeuse que l'on
agrandit, tandis qu'à l'intérieur on peut le donner en potion.

16

Nous sommes ainsi amené à parler du rôle de l'acide phénique dans les maladies internes. Ce rôle ne fait que commencer, ainsi que nous l'avons dit.

D'après de nombreux essais, nous pouvons dire que pour un adulte une potion quotidienne ne doit pas contenir plus de 15 gouttes d'alcool phénilique pour 150 grammes d'eau. A cette dose, l'acide phénique est déjà profondément soporifique et paraît occasionner de l'insensibilité. On l'a employé pour tuer les vers intestinaux et aussi pour détruire les différents parasites qui attaquent la peau. Dans tous ces cas l'acide phénique est très-utile.

En résumé, on peut, d'après ces quelques mots, se rendre compte de l'avenir thérapeutique considérable qui est réservé à l'acide phénique, déjà si utile dans le présent. Chose singulière, la combustion de la houille a contribué puissamment à empester l'air par les produits perdus qu'elle dégage, et c'est précisément dans cette combustion que nous allons chercher l'acide phénique, antiseptique de premier ordre. Comme si la nature se préoccupait toujours de mettre le remède à côté du mal pour que l'équilibre des forces soit maintenu [1] !

Les vapeurs de l'usine à gaz, l'odeur d'ammoniaque, qui se dégage des épurateurs chimiques

---

[1] Nous devons quelques-uns des renseignements qui précèdent à notre ami, M. Amédée Tardieu, interne à la Charité.

sont salutaires, dit-on, pour les poitrinaires, pour
les enfants atteints de coqueluche, et dans certaines usines on a quelquefois reçu des malades
dans les salles d'épuration, où ils assistaient de leur
lit à l'activité de la fabrication, tout en respirant
les vapeurs piquantes. A l'usine de la Villette, on
voit souvent de jeunes convalescents qui jouent
dans la salle des épurateurs et dans le grand
hangar où l'on recueille la sciure imbibée d'oxyde
de fer, lorsqu'elle a accompli son action. — Nous
n'osons pas affirmer qu'il n'y ait pas un peu d'exa-
gération dans le rôle que l'on veut faire jouer à
ces vapeurs ammoniacales de l'usine à gaz; toutefois, quelques médecins distingués n'hésitent pas
à leur reconnaître une efficacité remarquable.
D'autres savants, au contraire, nient leur influence
salubre et leur accordent seulement une action
inoffensive. Entre des affirmations et des négations
nous ne pouvons que nous abstenir.

Les médecins recommandent souvent aussi les
inhalations de goudron. On construit de petits
appareils d'une forme spéciale, dans lesquels on
verse de l'eau et du goudron de houille. Placé dans
une chambre, l'appareil lui communique une
odeur assez forte de créosote, et semble produire
une salutaire influence chez les personnes faibles,
maladives ou débilitées.

CHAPITRE XIII

LES POUDRES FULMINANTES

L'art de tuer. — Le picrate de potasse. — Poudre de guerre et
poudre de mines. — Ses accidents. — Catastrophe de la place
de la Sorbonne. — Les torpilles. — Les trous de mines et le
percement des tunnels.

« Tous les animaux, a dit l'auteur du *Dic-
tionnaire philosophique*, sont perpétuellement en
guerre; chaque espèce est née pour en dévorer
une autre. Il n'y a pas jusqu'aux moutons et aux
colombes qui n'avalent une quantité prodigieuse
d'animaux imperceptibles. Les mâles de la même
espèce se font la guerre pour des femelles, comme
Ménélas et Pâris. L'air, la terre et les eaux sont
des champs de destruction. »

L'homme, qui a reçu la raison en partage dans
la distribution des facultés réparties entre tous les
êtres, devrait, au nom de cette même raison, ne
pas s'avilir à imiter les animaux, d'autant plus
qu'il ne lui a été donné ni arme pour tuer son

semblable, ni instinct qui le pousse à se repaître
de sang. Cependant l'homme, qui est le roi de la
création, est aussi le roi de la guerre, et jamais
bande de loups affamés n'a montré la férocité d'un
peuple qui cherche à envahir un coin du territoire de son voisin.

L'homme primitif taille des silex et en façonne
des armes meurtrières, puis il fabrique des épées
et des flèches en fer, puis vient la poudre, et, à
mesure que le progrès s'ouvre de nouveaux hori-
zons, les engins de destruction se perfectionnent;
ils s'améliorent de jour en jour en raison directe
de la civilisation, et le siècle qui a inventé la machine à vapeur et le télégraphe électrique devait
aussi tirer de son génie l'invention des canons
rayés, des fusils Chassepot et des poudres fulminantes au picrate de potasse. Le siècle qui a transformé la houille en gaz de l'éclairage et en violet
d'aniline devait aussi la métamorphoser en une
substance meurtrière destinée à tuer les hommes!
Triste parallèle qui nous met en présence les progrès dans l'art de guérir et dans l'art de dévaster.
Le goudron de houille, qui donne naissance à l'a-
cide phénique si propre à guérir les blessures,
produit aussi les poudres fulminantes qui peuvent
les faire naître! Il est vrai qu'il ferme les plaies
qu'il a ouvertes, et, comme la lance d'Achille, il
apaise le mal qu'il a causé.

Il faut remonter à la fin du siècle dernier pour

rencontrer l'origine du picrate de potasse, car on a
connu cette substance avant de savoir l'extraire du
goudron de houille ; en 1788, Jean-Michel Hauss-
mann, chimiste à Mulhouse, découvrit l'*amer d'indigo*, résultant de l'action de l'acide azotique sur
l'indigo, produit que Welter Fourcroy et Vauquelin
étudièrent successivement. En 1809, M. Chevreul
reconnut que cette substance était un acide, et il la
désigna sous le nom d'*acide picrique* (du grec
πικρός, amer) ; plus tard, Liebig l'appela *acide car-
basotique*, et Laurent prouva enfin que cette substance dérivait de l'acide phénique.

Depuis quelques années, l'acide picrique se
prépare en grand, comme nous l'avons déjà dit,
par l'action de l'acide azotique ou *eau-forte* sur
l'acide phénique ou sur les huiles de goudron qui
entrent en ébullition entre 160° et 190°. Pendant
longtemps, l'acide picrique n'avait d'autre usage
que la teinture ; on avait bien remarqué que, dans
certains cas, il peut détoner au contact d'une
flamme, et qu'il forme avec certaines bases, telles
que la potasse ou l'ammoniaque, des sels émi-
nemment explosibles ; mais c'est seulement dans
un brevet du 3 décembre 1867, que MM. Designolle et Casthelaz indiquent des procédés permettant de produire de nouvelles poudres à l'aide
du picrate de potasse ou à base métallique.

Une première espèce de poudre consiste en un
mélange de picrate de potasse, corps solide jaune,

de salpêtre et de charbon. C'est une matière noire
qui s'enflamme très-facilement et qui offre une
grande supériorité sur la poudre à canon ordinaire; elle augmente le pouvoir balistique sans
augmenter le pouvoir brisant; elle ne renferme
pas de soufre, et ne produit pas, par conséquent,
d'hydrogène sulfuré, gaz vénéneux à un haut degré;
elle n'exerce aucune action corrosive sur les métaux, et sa combustion s'opère sans production de
fumée. Cette nouvelle invention a été accueillie
l'an dernier avec le plus grand empressement par
M. le ministre de la guerre, qui a fait fabriquer à
la manufacture impériale du Bouchet des quantités considérables de la nouvelle poudre.

Une deuxième espèce de poudre, dite *poudre
brisante*, est constituée par deux éléments : picrate
de potasse et salpêtre. C'est un produit de cette
nature qui a fait explosion dans le laboratoire
de M. Fontaine; celui-ci, toutefois, fabriquait une
matière bien plus explosible que celle de M. Designolle, et nous croyons qu'il remplaçait le salpêtre par le chlorate de potasse, corps éminem-
ment oxydant.

Cette poudre brisante est employée pour la confection de torpilles marines, qui font explosion
sous les flots mêmes de l'Océan et peuvent mettre
en pièces les navires ennemis. Elle sert à fabriquer
des projectiles explosibles ; mais elle peut aussi
contribuer à la prospérité des arts pacifiques, et

on l'utilise pour faire sauter les mines, pour
creuser les tunnels dans le roc qui résiste aux
efforts du pic et de la pioche.

Suivant qu'il brûle à l'air libre ou dans le canon d'un fusil, le picrate de potasse donne des
produits différents. Dans le premier cas, il dégage
de l'azote, de l'acide carbonique, de la vapeur
d'eau, du bioxyde d'azote et de l'acide cyanhydrique
ou prussique, au dire de M. Designolle. Dans le
second cas, ces deux dernières substances cessent
de se produire.

Les gaz qui se dégagent par la combustion instantanée du picrate de potasse occupent un volume considérable, qu'accroît encore la haute
température qui se développe; il en résulte une
force d'expansion formidable, à laquelle nul obstacle ne peut opposer une barrière. Cette force
est dix fois au moins supérieure à celle qui se produit à l'aide de la poudre à canon; et ce fait trouve,
dans la catastrophe de la place de la Sorbonne,
une preuve irréfutable, mais sinistre! L'inflammation instantanée de plus de 25 kilogrammes de
picrate de potasse, chez M. Fontaine, a subitement donné naissance à des centaines de tonnes
de composés gazeux qui, resserrés dans un espace trop étroit, ont pulvérisé, pour s'étendre,
tous les obstacles qui les tenaient emprisonnés;
la force expansive a produit une terrible et ir-

résistible dilatation, qui a causé les plus irréparables désastres!

Le mardi 16 mars 1869, à trois heures cinquante minutes de l'après-midi, le quartier si calme et si paisible de la Sorbonne était mis en émoi par une détonation formidable qui s'était fait entendre tout à coup. On se précipite de toutes parts, on accourt à la hâte, et de nombreux témoins assistent, place de la Sorbonne, à un spectacle épouvantable : le magasin de produits chimiques de M. Fontaine vole en éclats; la maison qu'il habite est une poudrière, son laboratoire un dangereux arsenal, d'où jaillissent la mort et la flamme; on voit voler dans l'espace, avec la violence des matières vomies par un volcan, des charpentes et des matériaux brisés, des débris de toute nature, des cadavres mutilés et des lambeaux informes de chair arrachés à de malheureuses victimes. Une fumée épaisse s'élève d'une manière sinistre dans l'air, dont elle trouble la clarté; le feu se déclare, des membres déchiquetés, du sang, des lambeaux humains jonchent le sol, et plus de cinq victimes gisent inertes sur les pavés! Après l'émotion causée par un tel drame, on pense au sauvetage des nombreux habitants de la maison qui vient d'être si terriblement éprouvée; des pompiers accourent; des passants, des âmes dévouées, se précipitent sur le lieu du sinistre; des échelles sont précipitamment accrochées aux fenêtres, et on en voit descendre des femmes effarées et des enfants... On retire des décombres des blessés, des hommes évanouis, et jamais sauvetage humain n'a offert une scène si émouvante, un tableau si palpitant.

Pour causer tout ce désastre, il avait suffi d'une étincelle venant tomber fortuitement sur une poudre fulminante!

Quelle que soit l'horreur de cet accident terrible, il faut cependant se garder d'outrepasser les limites d'une sage appréciation, et ne pas accuser la science d'un drame qu'elle n'a pas commis; car si la détonation s'est signalée terriblement puissante, c'est qu'elle a été produite par l'inflammation de 25 kilogrammes d'une poudre fulminante à base de picrate de potasse, c'est-à-dire par une quantité mille fois supérieure au moins à celle qui devrait être usitée dans les travaux d'un laboratoire; jamais pareille masse d'une matière si redoutable n'aurait dû pénétrer dans les murs d'une ville populeuse; mais la responsabilité de cet acte si téméraire n'incombe pas seulement à M. Fontaine. Du reste, quand bien même la chimie serait la véritable cause du sang répandu, le 16 mars, sur la place de la Sorbonne, ne devrait-on pas se rappeler que la guerre compte par milliers ses victimes, avant de reprocher à la science quelques rares martyrs! Il faut se rappeler aussi, comme l'a fait observer un de nos plus spirituels

Fig. 58. — Explosion de la place de la Sorbonne.

écrivains, que le picrate de potasse de M. Fontaine
était en définitive destiné à tuer des hommes, et
que si, au lieu de faire six victimes sur la place
de la Sorbonne, il avait accompli sa mission, s'il
avait écrasé six mille Prussiens sur les bords du
Rhin en ne tuant que trois mille Français, loin de
maudire le picrate, on l'aurait béni ; on aurait
de toutes parts chanté ses louanges, en s'écriant
avec enthousiasme qu'il avait fait merveille !

On pourra objecter que les poudres fulminantes,
les picrates alcalins, sont des engins de destruction et de dévastation, qu'ils servent à fabriquer
des bombes et des torpilles, et que les recherches
du savant pourraient être dirigées vers un but plus
pacifique ; mais nous répondrons à notre tour que
toute étude est utile, car elle peut conduire à des
résultats imprévus, et ces matières explosibles
sont aussi des auxiliaires précieux de l'industrie.

Les recherches scientifiques dirigent le savant
par mille voies détournées vers mille résultats fé-
conds, et le chimiste qui examine les propriétés
d'un fulminate meurtrier peut observer par hasard un fait qui l'entraîne loin du but, et lui fait
fortuitement trouver un médicament précieux.

Les gaz qui se dégagent pendant la combustion
instantanée du picrate de potasse à l'air libre,
sont : l'azote, l'acide carbonique, la vapeur d'eau,
et le bioxyde d'azote ; ces gaz occupent un volume
considérable, qu'accroît encore singulièrement la

haute température qui se développe : ils se dilatent avec une violence irrésistible, et ont facilement raison de tous les obstacles qui opposent
une barrière à leur expansion. Plus cet obstacle
est puissant, plus l'explosion est formidable, car
rien ne résiste à l'écartement brusque de molécules
gazeuses qui se dilatent, et ici la force des atomes
est supérieure à celle des parois de fer les plus
tenaces. Ce fait a trouvé, hélas! une triste preuve
dans l'explosion du laboratoire de M. Fontaine; et
si l'établissement n'avait pas été aussi vaste, si les
issues n'avaient pas été si nombreuses, la maison
tout entière aurait pu être réduite en cendres,
sous l'expansion de plusieurs centaines de tonnes
de gaz qui se sont produites subitement dans un
espace trop resserré. Puisse cet exemple enseigner
la prudence à ceux qui manient ces redoutables
produits ; puisse ce malheur être le dernier de
ceux qui viennent parfois jeter le trouble et la désolation au milieu de la sérénité de la science !

Dans un de ses beaux chapitres des *Girondins*,
Lamartine, après avoir parlé des odieux massacres
des prisons, des crimes accomplis et du sang répandu, se détourne avec dégoût, et, puisant dans
la philosophie une pensée consolatrice, il con-
temple le génie de la Liberté qui plane au-dessus
de ces misères et de ces monstruosités : imitons ce
grand poëte, écartons aussi nos regards des cadavres mutilés de la place de la Sorbonne, élevons

notre pensée, et regardons la grande image de la Science qui domine ce spectacle navrant !

Le picrate de potasse rentre dans la classe des composés de l'azote, dont un grand nombre sont dangereux et fulminants. Ce gaz azote est dénué de toute affinité chimique, et généralement les combinaisons qu'il forme sont très-instables et se décomposent avec la plus grande facilité. Presque toutes les substances qui entrent dans la famille redoutable des matières fulminantes sont azotées : le chlorure et l'iodure d'azote détonent par le moindre choc, et le contact d'une barbe de plume en détermine l'explosion avec le bruit particulier d'une déflagration violente ; le coton-poudre brûle et détone ; la nitro-glycérine enfin, le plus effrayant de ces corps, a causé des désastres qui démontrent sa terrible puissance. Une seule goutte de nitro-glycérine, soumise au choc du marteau, ébranle le tympan au point de l'assourdir, et peut même casser un carreau par sa force expansive ! On connaît enfin les propriétés des fulminates de mercure et d'argent, par les faits trop fréquemment cités d'accidents dus à leur inflammation ; ces substances contiennent encore de l'azote.

Le picrate de potasse est aujourd'hui très-fréquemment utilisé comme poudre de mine pour le sautage des roches.

L'extraction de la pierre des carrières et du minerai dans le sein de la terre était autrefois considérée comme un travail dégradant; et de même que les Peaux-rouges actuellement méprisent l'agriculture, les Romains autrefois attachaient un déshonneur à l'exploitation des mines, abandonnée aux esclaves et aux condamnés. On considérait comme glorieux les arts qui tuent les hommes et comme vils ceux qui les font vivre. Du temps de Tacite, la profession de mineur était dégradante: « Par surcroît de honte, dit l'illustre historien, les Gothins exploitent les mines de fer. »

Dans les temps les plus reculés, l'homme se servait du feu pour désagréger les roches; il dressait des bûchers dans l'excavation des mines; la flamme produite portait le minerai à une haute température, et, quand elle était éteinte, on jetait de l'eau sur les parois de la voûte brûlante. Elle se fissurait, et les fentes opérées ainsi facilitaient l'abatage de la roche.

Plus tard on a introduit dans le travail des mines l'emploi de la poudre, et le procédé dans ce cas se borne à creuser un trou et à y renfermer une cartouche qu'on fait éclater. C'est dans l'usage de cette méthode que les nouvelles poudres fulminantes sont du plus utile concours. Les ouvriers s'écartent à la hâte, et bientôt a lieu la décomposition du terrible picrate alcalin. L'air retentit d'un bruit formidable, le sol est ébranlé, et des débris de roches arrachées à leur gisement sont lancés dans l'espace. La matière fulminante a accompli sa mission, elle a séparé en morceaux la roche qu'il fallait percer ou le minerai qu'il s'agissait d'extraire.

Ces substances dangereuses sont aussi usitées pour la plupart dans la pyrotechnie, et les picrates ont servi à confectionner des feux d'artifice *de salon*. Le picrate d'ammoniaque, qui brûle lentement à la manière des résines, sert à préparer des flammes du Bengale par son mélange avec les nitrates de strontiane ou de baryte. Le picrate de fer, mélangé de fer et d'un excès d'acide picrique, donne une fusée d'un très-bel effet. Si on enflamme une de ces fusées, on voit voltiger mille étincelles incandescentes d'oxyde de fer qui sont ramifiées comme les branches de l'éclair.

Qui croirait, en regardant cette flamme brillante, inoffensive, qu'une telle matière dans certains cas est si redoutable, qu'elle peut causer la terreur, la dévastation et la ruine !

Devant un tel contraste, on se demande quelle conclusion tirer de l'étude de ces poudres fulminantes. Elles tuent les hommes et renversent les murailles, elles sèment la désolation sur leur passage, ce sont comme les démons infernaux de la

17

guerre. Mais les voilà, d'autre part, qui extraient
le minerai des entrailles du sol, qui creusent les
tunnels, percent le mont Cenis ; elles apparaissent
alors comme des génies bienfaisants qui fournissent à la paix ses plus précieux instruments.

CHAPITRE XIV

CONSERVATION DES BOI

La houille et le bois. — Injection des bois. — M. Boucherie.
L'acide phénique et les huiles lourdes.

Nous avons essayé de montrer l'importance du combustible fossile, débris des forêts antédiluviennes et nous avons fait comprendre l'utilité de la houille ; le bois, cet autre combustible végétal, n'offre pas moins de précieux usages, et depuis que les forêts se dévastent, depuis que les arbres de nos pays tombent impitoyablement sous la hache du bûcheron, on a cherché à parer à cette destruction, en donnant aux bois de construction une grande durée de conservation. Chose singulière, les matières extraites du goudron de houille peuvent être employées avec efficacité pour le grand problème de la conservation du bois ; la houille, ce cadavre du monde végétal passé, four-

nit aux végétaux vivants la substance qui les empêche de se décomposer : tout en faisant l'histoire
du charbon fossile, nous sommes conduits à parler
des combustibles végétaux de notre époque, au
point de vue de leur conservation.

Que d'esprits prévoyants ont répété depuis des
siècles, que le déboisement trop rapide des forêts
est un fléau, que la destruction des arbres qui
président à l'harmonie des pluies est un crime,
que les végétaux centenaires s'en vont de l'Europe
et que les forêts se dépeuplent ; mais on n'a pas
tenu compte de ces avis salutaires, et une autre
bande noire semble prendre un secret plaisir à
dévaster les forêts. Bien loin de nous, quelques
sages philosophes s'en plaignaient déjà. Au seizième siècle, l'illustre Bernard Palissy écrivait
à ce sujet : « Quand je considère la valeur des
moindres gîtes des arbres ou épines, je suis tout
émerveillé de la grande ignorance des hommes,
lesquels il semble qu'aujourd'hui, ils ne s'étu-
dient qu'à rompre les belles forêts que leurs
prédécesseurs avaient si pieusement gardées. Je
ne trouverais pas mauvais qu'ils coupassent les
forêts, pourvu qu'ils en plantassent après quelque
partie : mais ils ne se soucient aucunement du
temps à venir, ne considérant point le dommage
qu'ils font à leurs enfants à l'avenir... Je ne puis
assez détester une telle chose, et je ne puis m'empêcher de l'appeler une malédiction et un mal-

heur à toute la France, parce que, après que tous les bois seront coupés, il faut que tous les arts cessent... »

Aujourd'hui, la houille a remplacé le bois comme combustible : mais elle n'a pu le remplacer dans les constructions, où il joue un rôle de premier ordre malgré l'introduction du fer dans l'art des matériaux.

Les rails de fer où glisse la locomotive sont soutenus partout par des poutres en bois rivées au sol ; les charpentes de bois se dressent de toute parts devant les constructions de pierre que l'on veut exécuter ; elles sont la première nécessité de la marine, qui en construit tous ses navires. Mais le bois, qui jouit de tant de qualités propres à en faire une substance merveilleuse pour ces constructions, ne se conserve pas indéfiniment ; il renferme des matières organiques qui se décomposent dans son tissu et qui en déterminent la pourriture ; d'ailleurs, des animalcules ou des champignons s'attaquent constamment aux bois qu'ils détériorent, quelquefois avec une rapidité terrible. On cite l'exemple du navire *le Foudroyant*, qui, en quatre années, tomba en pourriture par suite du développement spontané de germes parasites dans sa charpente.

Conserver le bois au sein de l'eau ou dans la terre, le préserver de l'attaque des animacules, de la putréfaction, est donc un problème de premier ordre, qui intéresse à d'innombrables points de vue la civilisation toute entière.

« La France, a dit Colbert, périra faute de bois. » Mais l'illustre ministre ne pouvait prévoir, à cette époque, l'accroissement énorme de la consommation, dû à l'établissement des voies ferrées. Il ne soupçonnait pas non plus que le mal serait battu en brèche par des procédés qui assurent au bois une longue durée de conservation, par des substances telles que les huiles lourdes de goudron, qui arrêtent l'envahissement des germes parasites.

La cause de la *pourriture* des bois est due à la fermentation des matières organiques que ceux-ci renferment; cette fermentation produit des moisissures, des champignons et diverses plantes cryptogamiques qui détruisent le tissu ligneux. La présence des matières azotées dans le bois, et leur altérabilité, engendrent la décomposition du bois; il s'agit donc de trouver des substances propres à conserver les matières azotées. Ces matières sont assez nombreuses, et le sulfate de cuivre occupe, avec les huiles de goudron et l'acide phénique, un rang important.

Toutefois, une des grandes difficultés du problème, consiste à faire pénétrer l'agent antiseptique dans l'intérieur des petites cellules du tissu ligneux. Champy y est parvenu un des premiers, en plongeant dans du suif, chauffé à 200°, les

bois encore humides. Pendant l'immersion, l'eau
est éliminée à l'état de vapeur, l'air et les gaz contenus dans le bois sont chassés par la haute température, et la graisse remplace tous ces corps ; elle
imbibe complétement le bois et se présente déjà

Fig. 59. — Injection d'un arbre vivant.

comme un agent efficace de conservation. La
graisse peut être remplacée par les résines, les
huiles, le goudron et les huiles lourdes de houille.

On doit à Boucherie des progrès de la plus haute
importance dans l'art de pénétrer les bois par des
agents antiseptiques ; cet ingénieur savant sut pro-

fiter habilement du mouvement ascensionnel de la séve pour entraîner avec elle le liquide qui doit conserver le tissu végétal.

L'arbre est encore debout, on fait une saignée circulaire autour de son tronc, on entoure cette plaie d'un sac imperméable, que l'on alimente à l'aide d'une solution de sulfate de cuivre ou d'acide phénique. La circulation de la séve n'est pas interrompue, elle accomplit toujours son mouvement ascensionnel, mais elle entraîne avec elle l'agent antiseptique; bientôt c'est une séve artificielle qui remplit les pores du végétal et qui pénètre dans toutes ses cellules (fig. 59). Si le tronc est alors abattu, il ne pourra plus être détruit par la pourriture, car le liquide qui l'a pénétré empêche la matière azotée d'être soumise à une décomposition rapide. Les vers et les champignons parasites ne pourront plus trouver leur nourriture dans ce cadavre végétal, embaumé par les secours de la science.

On emploie encore un procédé analogue en le modifiant; le tronc est abattu et placé dans une position horizontale, près de son extrémité large; on entoure une de ses bases d'un sac de cuir, que l'on maintient adhérent au bois à l'aide d'une forte ligature. Le liquide préservateur pénètre dans le sac, et bientôt la séve est chassée par le liquide qui la remplace dans les conduits ouverts.

C'est en 1831 que Bréant eut l'idée d'employer

la pression pour injecter les bois. Son appareil,
que reproduit la figure 60, consistait en un cylindre de fonte, où la pièce de bois sur laquelle
on veut opérer est emprisonnée avec le liquide
antiseptique qui laisse libre sa partie supérieure.

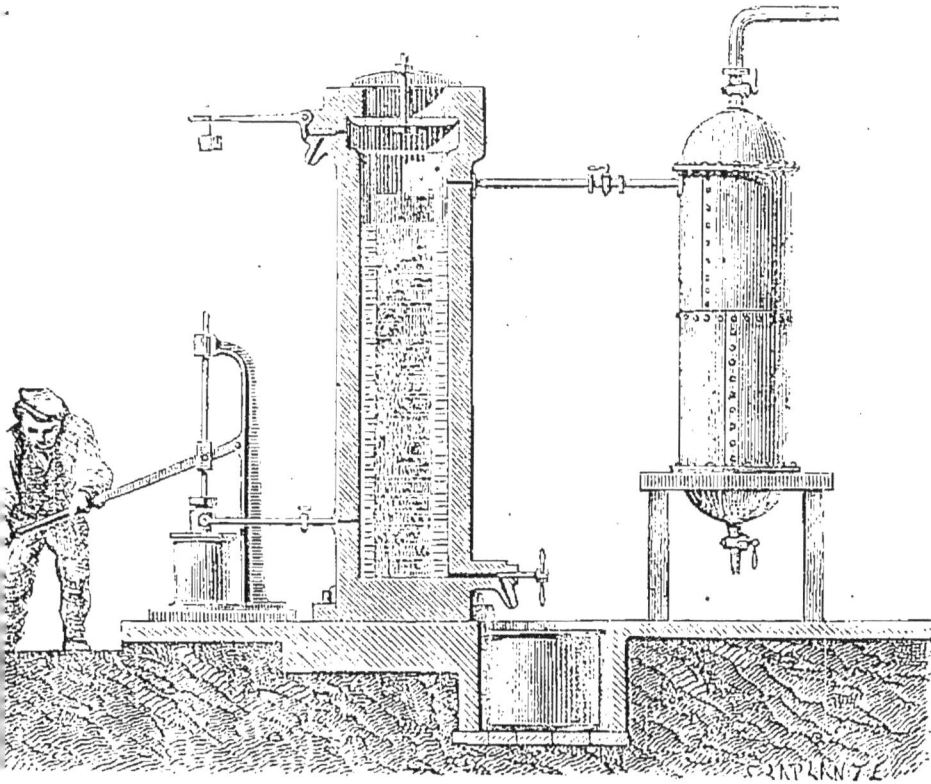

Fig. 60. — Introduction du liquide dans un tronc abattu, à l'aide de la pression.

A gauche de notre figure est une pompe foulante,
à droite, un obturateur dans lequel on peut faire
le vide, en y introduisant successivement de la vapeur d'eau et de l'air. — On commence par mettre
le cylindre en communication avec le condenseur
dans lequel on a fait le vide, et l'air contenu dans

le bois tend à s'échapper pour se mettre en équilibre de pression. — Cela fait, on met le cylindre
privé d'air en communication avec la pompe foulante qui augmente la pression et fait pénétrer le
liquide dans les pores fibreux de la pièce de bois.

Le même principe a été perfectionné plus tard,

Fig. 64. — Injection des bois à l'aide d'une locomobile.

en employant une locomobile qui, alternativement, fait le vide et augmente la pression pour
injecter le liquide conservateur (fig. 64). Ces différents systèmes fonctionnent aujourd'hui sur une
grande échelle, et sont devenus la base d'une industrie très-importante.

On a essayé, pour conserver les bois, un très-
grand nombre de substances diverses, telles que

e tannin, les sulfates de cuivre et de fer, le chlo-
ure de zinc, l'acétate de plomb, la cire et le suif;
mais de l'avis de tous les ingénieurs, un des meil-
leurs agents de conservation des traverses des chemins de fer est l'*huile de goudron de houille.*

CHAPITRE XV

LE COMBUSTIBLE LIQUIDE

D'où vient le pétrole. — Les superstitions. — Les gisei
l'Amérique. — Les puits en Pensylvanie. — Histoire
Schaw. — Les incendies. — L'éclairage — Le chauffage
chines à vapeur.

Dans un grand nombre de localités, on
au milieu de rochers ou de terrains c(
entre le [bas silurien et la période tertiair(
matière liquide huileuse et noirâtre, qui
comme la houille, et qui offre, avec ce co
tible, quelques analogies. Cette huile épai:
le pétrole, que les Américains désignent s
nom de charbon liquide. Depuis des siècl(
hommes connaissent les gisements d'huiles
rales, et depuis des siècles ils l'utilisent d;
grand nombre de pays, principalement en
dans le Caucase, en Chine et dans le n(
monde ; mais c'est seulement depuis qu
années que l'industrie moderne en a réell
pris possession.

A certaines époques de l'année, au moment des grandes réjouissances publiques, le port de Bakou, aux confins de la Perse, sur les bords de la mer Caspienne, offre le plus singulier aspect; une foule immense, rassemblée sur le rivage, se prosterne devant des montagnes de feu, qui semblent glisser sur les eaux, et qui s'étendent jusqu'à perte de vue, en lançant jusqu'au ciel, mille rayons étincelants, mille flammes gigantesques. Ce sont les habitants du pays qui ont répandu sur les flots l'huile minérale, qui y surnage ; on l'enflamme, et le feu se propage de proche en proche, en offrant bientôt l'étonnant spectacle d'une mer incandescente. Les traditions du pays font remonter jusqu'à des milliers d'années l'origine de ce feu, qui a ses adorateurs et ses prêtres.

Les gisements souterrains de pétrole émettent souvent des vapeurs combustibles, que l'on peut mettre à profit à la surface du sol ; c'est ainsi que près du port de Bakou, des Indiens, adorateurs du feu, enflamment les gaz qui s'échappent du sol par des trous qu'ils ont forés. Ces orifices sont bouchés à l'aide de tampons, et quand un des habitants veut du feu, pour cuire ses aliments, il débouche le puits étroit, l'enflamme, et utilise ce foyer toujours prêt à brûler. La nuit, de petits orifices lancent des jets lumineux dans l'air, et dissipent l'obscurité en produisant le plus singulier spectacle; ils fonctionnent comme de véritables becs de gaz naturels. Ces feux naturels sont employés à cuire la pierre à chaux et à consumer les cadavres ; le gaz qui les produit est quelquefois emprisonné dans des vases, et les Indiens font commerce de ce combustible, rendu portatif ; ils le transportent jusqu'au fond des provinces les plus éloignées de la Perse, et les prêtres surtout s'en servent pour entretenir la superstition et la foi dans le surnaturel.

Il existe, en Chine, des sources semblables de vapeurs de pétrole ; le gaz s'échappe des puits d'eau salée, qui se trouvent en abondance dans le district de Young-Hian, et les Chinois le dirigent habilement dans des tuyaux de bambou jusqu'au lieu où ils veulent l'employer. Ils s'en servent pour éclairer leurs ateliers ou pour évaporer les eaux salées.

Dans les États-Unis, à Bristol et à Middlesex, des effluves de gaz enflammé s'échappent des lacs, des rivières et des fissures du sol ; quand la campagne est couverte de neige, quand l'eau est protégée par un manteau de glace, rien n'est plus imposant que le spectacle de la combustion des vapeurs de pétrole ; la flamme, emportée par la brise, glisse à la surface des glaçons ; elle se promène sur les campagnes de neige, elle s'élance en gerbes lumineuses, et l'observateur, rempli d'émotion, peut assister à la plus splendide des illuminations de la nature.

Les anciens connaissaient quelques-unes de ces sources, mais l'inflammation des vapeurs d'huiles minérales leur paraissait un phénomène inexplicable. Pline parle avec stupéfaction des feux naturels du mont Chimère, en Asie Mineure, et il reste confondu d'étonnement en décrivant le spectacle qu'ont signalé quelques hardis voyageurs.

Quelle est l'origine de ces liquides combustibles? Quelle réaction chimique mystérieuse les a produits au sein de la terre, et quelle est la matière que la nature a distillée pour les former dans son grand laboratoire souterrain?

L'analogie de composition que présentent le pétrole et les huiles produites par la distillation de la houille, met le géologue en droit de supposer que c'est le charbon de terre qui est la source des huiles minérales. Il serait possible en effet que des masses de charbon fossile, chauffées dans les profondeurs du sol, au foyer central, toujours incandescent, aient émis des vapeurs, dont la condensation se serait faite dans des crevasses ou des cavernes supérieures.

On emploie diverses méthodes pour exploiter le pétrole; à Rangoon, dans le Birman, on fore des puits à une profondeur variant de 61 à 91 mètres, et consolidés par des échafaudages. Un vase en poterie est descendu dans le puits, au moyen d'une corde qui glisse sur une poutre; quand il

est rempli de liquide, il est ramené à terre par des
ouvriers qui tirent la corde en s'éloignant du puits,
jusqu'à ce que le vase arrive à son ouverture supérieure. On verse le liquide dans un trou pratiqué dans le sol : l'eau qu'il renferme se rassemble
à la partie inférieure, et l'huile qui surnage est
enlevée par décantation. Dans toutes ces contrées
l'huile minérale imbibe le sol et les pierres, elle
suinte de toutes parts, et partout on la puise en
abondance.

Dans la plupart des cas, l'huile, en Amérique,
est rassemblée dans des fissures de rochers généralement verticales, et on la recueille encore à
l'aide de puits forés. La profondeur de ces puits
est très-variable : tantôt on rencontre le liquide
combustible à 12 mètres ; tantôt, au contraire, il
faut s'enfoncer dans le sol jusqu'à 90 mètres pour
l'atteindre. Une fois le gisement mis à découvert,
une pompe à vapeur aspire l'huile jusqu'à la surface du sol, et quelquefois elle jaillit d'elle-même
comme l'eau des puits artésiens[1].

Les veines d'huile sont très-capricieuses, et le
foreur est obligé de s'ingénier, d'imaginer mille
procédés toujours nouveaux pour la rencontrer.
Généralement l'approche de la veine se signale
par des débris d'argile bleue, molle et visqueuse,

---

[1] *Du pétrole et de ses dérivés*, par Norman Tate, traduit de
l'anglais par Brandon.

saturée d'un liquide huileux et rougeâtre. « Quand
le foreur rencontre ces débris, dit naïvement le
Toronto Globe, il se livre à toute sa joie, il retourne
sa chique dans sa bouche avec bonheur, et avec
une figure rayonnante de satisfaction, ruisselante
d'huile et de sueur, il s'écrie avec enthousiasme :
« Comme c'est beau ! » Oui vraiment, si vous avez
des intérêts engagés, qui vous font rêver des bénéfices à venir ; mais dans le cas contraire, ce n'est
certainement pas beau, en ce qui regarde l'odeur
et le coup d'œil. Le foreur est joyeux, car l'huile
qu'il va puiser a une valeur de cinq centimes le
litre, avec la perspective d'en valoir le double !
N'est-ce pas assez pour la rendre belle ?... Les *Oil
springs* sont remarquables par leur malpropreté,
et des quatre points cardinaux les bruits des pé-
dales qui mettent en mouvement les forets se font
entendre pendant la nuit entière.

« Chaque jour voit augmenter le nombre des
voyageurs couverts de boue qui, le sac sur le dos,
ont traversé la vase, escaladé les arbres abattus,
et franchi les fossés fangeux, sur les chemins à
peine tracés de Wyoming et Florence. Plusieurs
viennent chercher une occupation qu'ils sont sûrs
de trouver, d'autres, les poches garnies de dollars,
viennent forer de nouveaux puits, et grossir le
nombre de ceux qui existent déjà[1]. »

---

[1] Traduit du journal le *Toronto Globe*, 7 septembre 1861.

Le rendement des différents puits est très-variable. Les uns ne produisent que 10 à 12 fûts de pétrole par jour ; à Idione, il existait en 1861 dix-sept puits qui en fournissaient plus de 45,000 litres en 24 heures, et lançaient le liquide avec une force extraordinaire jusqu'à 18 mètres au-dessus du niveau du sol. En Pensylvanie, dans le comté d'Éric, un puits a donné jusqu'à 300 fûts par jour. A Mecca, dans l'Ohio, un trou de forage vomit 90,000 litres en 24 heures.

L'exploitation du pétrole aux États-Unis, et surtout en Pensylvanie, prend de jour en jour un plus grand développement, et l'huile minérale se recherche actuellement avec presque autant d'avidité que les métaux précieux. Les découvertes les plus importantes ont été faites de 1860 à 1862 ; c'est surtout dans le district d'Enniskillen, qu'elles se succédèrent importantes et rapides. Pour l'huile minérale, comme pour l'or, on cite des exemples curieux de faveurs subites de la fortune, et le pétrole a quelquefois élevé soudainement des ouvriers à de grandes fortunes.

En 1862, un modeste industriel américain, nommé Shaw, fit une découverte importante d'huile minérale, et l'histoire de ce malheureux est trop populaire en Amérique, trop instructive et trop intéressante pour que nous la passions sous silence. L'élévation soudaine de cet homme de la

misère à la fortune, sa mort tragique, formeraient
les bases d'un roman, car quoi qu'on ait dit, le
roman n'est pas mort ; s'il n'est plus un aussi bon
article de librairie que par le passé, on ne peut nier
qu'il ne se développe chaque jour autour de nous.

Si, au commencement de l'année 1862, vous
aviez passé près de Victoria dans le district d'Enniskillen, vous auriez été frappé de l'aspect étrange
qu'offre le pays : des puits nombreux d'où l'on
extrait l'huile, noirâtre et puante, de la boue;
de l'huile minérale par terre, et de toutes parts ;
des ouvriers noirs et crasseux tout couverts
d'huile; des charpentes de forage, des fûts et des
tonneaux ; puis des poteaux avec de grandes in-
scriptions : On ne fume pas ici, vous rappelant que
tout ce qui vous entoure est combustible, et qu'une
allumette pourrait mettre en feu tout un pays.
Sur le lot 18 de la deuxième concession d'Enniskillen, vous auriez vu le puits de John Shaw sur
lequel son propriétaire a fondé toutes ses espérances. John Shaw a travaillé depuis sa naissance,
il travaille encore, et travaillera jusqu'à sa mort ;
mais la fortune lui est contraire. Du matin au
soir, il creuse péniblement et fore son puits, il
pompe sans cesse et l'huile ne jaillit pas ; le len-
demain, il creuse et pompe encore ; il dépense
tout son argent, et perd tout son crédit; il épuise
ses forces, ruine sa santé par le labeur, et pas une
goutte d'huile ne vient le récompenser de ses

peines. Cependant ses voisins ont des puits en
pleine prospérité, l'huile minérale abonde chez
eux ; John Shaw est le seul qui ne puisse rencontrer le courant souterrain de pétrole. Le malheureux Shaw est bientôt à bout de ressources, et les
voisins, peu bienveillants, loin de le plaindre, se
moquent de lui; ses poches sont vides, ses vêtements
en lambeaux : il est ruiné, *dead broke*, perdu à tout
jamais. On dit même que ses bottes percées ne tien-
nent plus à ses pieds, et qu'il est dans l'obligation de
suspendre ses travaux, car il lui faut des chaussures
neuves pour piétiner dans l'huile et dans la boue.
Désespéré, abattu, craintif et timide comme la misère, il va trouver humblement un cordonnier et
lui demande une paire de bottes à crédit. Un refus
insolent est tout ce qu'il obtient, et le commerçant
opulent accable de son dédain le vieux Shaw qui,
suivant l'expression américaine, *ne vaut plus* une
paire de bottes. Le pauvre puisatier revient à son
atelier, il est bien accablé et le découragement
saisit son âme; il tentera demain encore un dernier effort, il donnera son dernier coup de sonde
et son dernier coup de pompe, mais si l'huile ne
jaillit pas, il quittera cette terre pleine d'amer-
tume, et tâchera de gagner des parages plus favo-
rables ! Il se couche accablé, mais ne dort guère.
Dès le lever du jour, il reprend son outil perfora-
teur, et en frappe le roc avec l'énergie du désespoir. Tout à coup il croit entendre le clapotement

d'un liquide ; ce n'est pas une illusion..., c'est l'huile qui monte sifflante et bouillonnante..., c'est le pétrole qui s'échappe de sa prison séculaire ! Le courant augmente, le liquide monte et se précipite comme l'inondation, rugit comme la tempête, remplit le tuyau, comble le puits ; il monte, il monte, toujours irrésistible et formidable. Cinq minutes, dix minutes, un quart d'heure se passent ; le courant s'élève encore.... un bruit épouvantable, formidable, se fait entendre ; un torrent impétueux jaillit du puits comme un volcan ; l'huile remplit une bâche énorme, déborde, résiste à tous les efforts qui veulent arrêter son cours, envahit tous les canaux, se précipite sur le sol comme un torrent, jusqu'au Black-Creeck, où elle est entraînée avec les eaux vers les lacs et le Saint-Clair. Vous dire ce qu'éprouvait alors John Shaw n'est pas possible, et les spectateurs stupéfaits n'ont pas raconté s'il avait bondi de joie, ou s'il avait versé des larmes ; on prétend cependant qu'il éleva son chapeau avec un enthousiasme fébrile, et qu'il poussa des hourrahs de toute la force de ses poumons, en dansant comme un fou sans respecter ses pauvres bottes percées à jour ! Mais le puisatier ne s'abandonna pas longtemps à ces démonstrations extravagantes, et en philosophe yankee qui sait aussi bien supporter la fortune que les malheurs, il s'empressa de récolter son huile, et se remit au travail pour arrêter le courant

trop impétueux. Le bruit du puits jaillissant
attira tous les voisins, et le territoire de Shaw
fut un centre de *great attraction;* tout le monde
félicitait l'intelligent industriel, qu'on n'osait
plus appeler le père John, mais qu'on saluait
respectueusement du titre de *monsieur* Shaw.
Il recevait une grêle de félicitations, et tandis
que couvert de boue et ruisselant d'huile, il se
dressait avec orgueil auprès de son puits, le
marchand qui lui avait refusé des bottes arrive.
Le commerçant avait vite apprécié la situation,
et il venait s'incliner devant le soleil levant, devant
l'homme enrichi : — « Mon cher monsieur Shaw,
c'est par erreur que je vous ai refusé hier votre
demande, je n'avais pas compris nettement votre
proposition, mais s'il y a dans mon magasin quelque chose qui puisse vous convenir, toutes mes
marchandises sont à votre disposition. » — Quelle
belle heure pour Shaw et quel fortuné moment !
Nous ne pouvons pas toutefois répéter sa réponse,
car elle fut beaucoup trop énergique, et le lecteur
français veut être respecté.

Le puits jaillissait toujours avec une force inu-
sitée, et Shaw s'empressa d'en mesurer le débit ;
il vit de suite, en bon commerçant, qu'il produisait 2 fûts de 180 litres en une minute et demie,
ce qui faisait (le cours de l'huile étant de 1 fr. 40 c.
l'hectolitre), 5 fr. 56 c. par minute, ou 201 fr. 60 c.
par heure, c'est-à-dire 4,858 fr. 40 c. en vingt-

quatre heures et 1,500,000 francs par an, sans
compter les dimanches, et en négligeant les frac-
tions! Le *Toronto Globe*, à qui nous empruntons
ce curieux récit, ajoute avec raison : « Ni les auteurs célèbres des *Mille et une Nuits*, ni même
Alexandre Dumas, n'ont pu imaginer une transformation si subite que celle de John Shaw; le matin
c'est un mendiant, le soir c'est un millionnaire,
capable de satisfaire toutes les fantaisies qu'on se
procure au prix de l'or. »

L'infortuné Shaw ne profite pas longtemps des
faveurs de la fortune; riche et célèbre, il devait
bientôt mourir de la manière la plus horrible. Un
an après l'heureux événement que nous avons raconté, il se fait descendre à 4 mètres dans son
puits pour retirer un bout de tuyau; il place son
pied dans un étrier, et se suspend à l'extrémité
d'une chaîne. Après avoir atteint le tuyau, il ordonne qu'on le ramène à la surface du sol, mais
aussitôt il semble faire de grands efforts pour
maintenir sa respiration; on se hâte de retirer le
câble... Il était trop tard! John Shaw a lâché prise;
il tombe à la renverse et disparaît à tout jamais
dans le gouffre d'huile!

L'exploitation de l'huile minérale, comme celle
de la houille, offre parfois de grands périls, et
son histoire se signale aussi par d'épouvantables
catastrophes : des incendies terribles ont quelque-

fois anéanti, en quelques heures, le travail de
toute une année. Rien n'est plus effroyable que la
combustion des puits à pétrole amassés sur toute
une contrée. La flamme, comme un fléau dévasta-
teur, plus foudroyante que l'inondation, se répand
avec une rapidité inouïe; elle consume, en un
instant, les habitations, dévore tout sur son passage, brûle les mines et les hommes, et ne laisse
plus qu'un désert de cendres, à la place même où
l'industrie faisait vivre, par le travail, toute une
colonie prospère.

Au mois d'avril 1862, pendant le forage d'un
puits à Idione, en Pensylvanie, un courant d'huile
jaillit subitement à 12 mètres au-dessus du sol.
Cette colonne liquide mugissait au milieu d'un
nuage épais de vapeurs fétides et combustibles.
Aussitôt, on éteint les feux du voisinage, mais pas
assez rapidement pour prévenir le désastre. Un
dernier feu, situé à plus de 500 mètres, enflamme
la colonne combustible, qui vient de sortir fortuitement des entrailles de la terre, et bientôt toute
l'atmosphère est embrasée. La masse d'huile s'é-
lance en gerbes de feu, et des ruisseaux incandes-
cents se précipitent dans les campagnes. Les ouvriers s'enfuient pêle-mêle, en faisant entendre
des clameurs épouvantables, le ciel s'éclaire au-
dessus de ces effluves embrasés; çà et là, les
fûts, étendus sur le sol, sont défoncés et font explosion, en imitant une sinistre canonnade. Au

Fig. 62. — Incendie de pétrole à Idione, en Pensylvanie.

milieu de cette scène d'horreur vraiment indescriptible, on voit des cadavres qui sont jetés dans l'espace, on aperçoit des femmes, des enfants, à moitié brûlés, qui cherchent à s'échapper de cet enfer ; on dirait des fantômes et des spectres, éclairés par une lueur surnaturelle.... des cris d'agonie s'échappent de leur poitrine comme un râle lugubre ! Les flammes grandissent et s'élèvent pour aller lécher les nuages, les explosions redoublent et le feu se propage avec la vitesse de l'ouragan. Nulle résistance à opposer à cette force invincible, nulle prière à tenter, nul combat possible ! Il faut attendre que la dernière goutte d'huile ait jeté dans l'air sa dernière flammèche !

Plusieurs fois, des scènes semblables, aux États-Unis, ont jeté l'épouvante dans des contrées entières, et malheureusement de terribles catastrophes ont trop souvent désolé nos ports les plus prospères. L'incendie de Bordeaux, où trente navires furent impitoyablement livrés aux flammes, est encore dans tous les souvenirs ! Ces terribles exemples enseignent les dangers qu'offrent les huiles minérales, et on est en droit de s'indigner en présence de la négligence coupable qui cause ou ne sait pas prévenir de tels désastres !

Le pétrole est depuis longtemps employé pour l'éclairage. L'essence la plus volatile qu'il abandonne par la distillation est employée dans la lampe

sans huile (fig. 65), où il imbibe une éponge et
brûle à l'état de vapeur. La lampe ordinaire (fig. 64)
est trop connue pour qu'il soit nécessaire de nous
y arrêter. Le pétrole peut encore servir d'une manière efficace comme combustible, et les esprits se

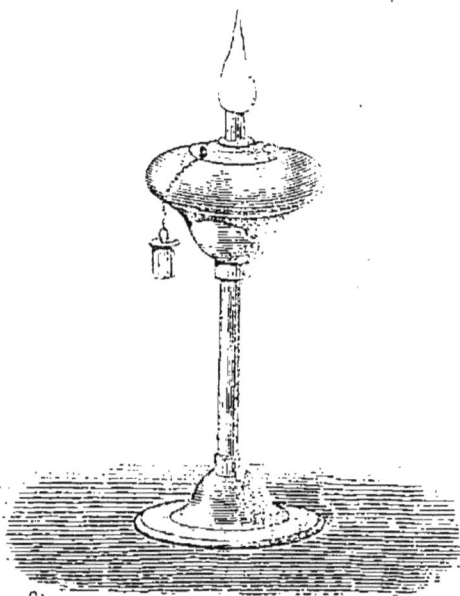

Fig. 65. — Lampe sans huile.

préoccupent, en Europe et en Amérique, de cet
important problème, surtout au point de vue du
chauffage des machines à vapeur. Cette question,
moins connue que celle de l'éclairage, offre un
trop grand intérêt pour que nous la passions
sous silence. Les avantages que présente le charbon liquide sont faciles à démontrer : ce combustible huileux brûle sans laisser de cendres,
sa fluidité lui permet de couler de lui-même sur

le foyer, en supprimant le pénible travail du
chauffeur, et en évitant la perte de chaleur due à
l'ouverture momentanée de la porte du foyer. La

Fig. 64. — Lampe de pétrole.

houille en fragments occupe un grand volume, à
cause des vides laissés entre ses morceaux; une
tonne de houille forme une masse de combustible
bien plus considérable qu'une tonne d'huile miné-

rale; or la place est précieuse dans les locomotives,
et surtout dans les navires à vapeur. Là ne se bor-
nent pas les avantages du pétrole ; une tonne de ce
liquide produit, par sa combustion, deux fois plus
de chaleur qu'une tonne de houille. Il n'en faut
pas davantage pour que le nouveau combustible
soit désigné aux puissances maritimes et aux compagnies de navigation à vapeur, comme permettant
de faire un voyage d'une longueur double avec
un chargement d'huile minérale égal à celui de la
houille [1].

Il y a déjà plusieurs années que des tentatives
sérieuses ont été faites pour employer l'huile minérale comme combustible, dans le foyer des machines à vapeur. Des ingénieurs anglais essayèrent
d'abord, à Woolwich, de faire brûler le pétrole à
la surface d'un vase poreux, mais le système offrait le grave inconvénient de ne pas suffisamment
séparer le foyer du réservoir, et de rendre imminente une terrible explosion.

Plus tard, à Lambeth, on injecta le liquide au
moyen de vapeur surchauffée dans un foyer ordinaire, mais on remarqua que ce procédé donnait
lieu à des pertes de chaleur considérables.

Les essais des Américains ont conduit à des résultats bien plus satisfaisants, non-seulement sur

---

[1] Nous empruntons quelques-uns de ces renseignements à un
excellent travail de M. F. Foucou (*Revue des Deux Mondes*).

les chaudières fixes des usines, mais aussi sur des bateaux, des omnibus à vapeur et des pompes à incendie. Un violent incendie, à Boston, fut rapidement éteint, à l'aide de pompes à vapeur, mises en action par le pétrole ; en quelques minutes, la pression était suffisante pour lancer sur le foyer incandescent des masses d'eau énormes, et le succès de cette première expérience décida les autorités municipales à se pourvoir d'autres appareils de même nature.

Depuis quelque temps, un grand nombre de chaudières à vapeur fixes, et même des locomotives, ont été chauffées au pétrole, dans les régions de l'Amérique, où abonde l'huile minérale. L'économie est manifeste dans ces régions, où le combustible liquide ruisselle de toutes parts et où la houille fait défaut. Dans le courant de juillet 1867, on vit passer, sur le chemin de fer de Warren à Franklin, une locomotive alimentée de pétrole ; elle traversa tout le comté de Venango, région couverte de puits d'huile, et elle arriva à destination avec le plus grand succès. Le pétrole brûlait à l'état de gaz, en s'échappant d'un bec ; la grille du foyer était remplacée par une cuvette de fonte, sur laquelle reposaient six réchauffeurs jouant le rôle de générateurs du gaz. L'huile était amenée à l'état gazeux dans ces réchauffeurs, et venait brûler à l'extrémité des becs situés sous chacun d'eux. La flamme non-seulement chauffait la chaudière,

mais elle servait encore à distiller le pétrole. Il
faut aller en Amérique, dans le *pays de l'huile* (*oil
region*), pour voir jouer ainsi avec le feu, car les
dangers d'un tel système sont évidents. Mais qu'importe au hardi Yankee! Entraîné par sa machine
qui fonctionne, il n'a pas le temps de songer aux
explosions !

Bientôt après ces tentatives, le colonel Footes
organisa un nouveau système à bord d'un navire
de guerre de l'Union, *le Palos*. Il disposa l'appareil
de distillation du pétrole à une assez grande distance du foyer, afin de supprimer toute chance
d'explosion. Les vapeurs, entraînées par des conduits, brûlaient dans le foyer de la machine. Une
puissante pompe d'air y insufflait, d'une part, le
gaz combustible, et de l'autre, l'air nécessaire à sa
combustion. Une commission officielle assista aux
premiers essais et déclara que, d'après des expériences minutieuses, il y avait une économie notable en faveur de l'huile minérale. De nouvelles
tentatives ont bientôt lieu en Californie, avec des
huiles minérales extraites des schistes de Santa-
Cruz, brûlant dans un appareil analogue au précédent. D'après le *San-Francisco Morning Call*
d'octobre 1867, une tonne de cette huile aurait
produit le même effet qu'une quantité d'excellente
houille de Cardiff dix fois supérieure! Malgré ces
exagérations évidentes, disons, comme conclusion,
avec M. Foucou : « Les huiles minérales sont un

combustible dangereux, elles exigent des précautions spéciales ; mais dans les appareils bien combinés et bien conduits, elles peuvent être d'un emploi commode et brûlent sans produire de fumée. A égalité de poids et de volume, elles dégagent un calorique bien supérieur à celui que fournissent les houilles les plus recherchées. »

La combustion du pétrole se produisant sans fumée, le navire qui s'en alimente offre un singulier aspect ; on est tellement accoutumé à voir le steamer traîner à sa suite un nuage noir et épais, allongé dans le ciel comme un grand panache, qu'il semblerait que quelque force mystérieuse fait agir les roues, qui fendent la lame sans qu'aucune vapeur visible s'échappe du tuyau de la cheminée. Ajoutons, en passant, que ce fait n'est pas sans importance pour les navires de guerre, qui désormais, grâce au pétrole, peuvent aller surprendre l'ennemi sans tracer dans le ciel ce sillon de fumée noirâtre, véritable messager qui annonce son arrivée de longues heures à l'avance.

On voit que ces tentatives, faites en Amérique, tout intéressantes qu'elles soient, sont dénuées du caractère de précision propre à jeter les bases d'une estimation sérieuse ; ces incertitudes ont décidé M. H. Sainte-Claire-Deville à mesurer, par une méthode pratique, la quantité de chaleur fournie par chaque espèce d'huile minérale, et à cher-

cher les dispositions à donner à un appareil de
combustion. Il est maintenant positif, d'après ces
intéressantes expériences, que 1 kilogramme de pétrole brut de Pensylvanie vaporise 15 kilogrammes
d'eau, ce qui montre que l'huile minérale a un pouvoir calorifique double de celui de la houille de

Fig. 65. — Locomotive alimentée par le pétrole.

Cardiff. L'appareil de M. Deville diffère de celui
du *Palos*, en ce sens, que le combustible liquide,
non distillé, brûle à l'état liquide, en coulant le
long de la porte du foyer, véritable grille verticale.
La chaudière ainsi disposée permet de brûler
alternativement de l'huile ou du charbon, car pour
passer d'un système à l'autre, il suffit de remplacer
la plaque réfractaire par une grille ordinaire, et
la plaque de fonte, percée de trous, qui livre passage à l'huile, par la porte ordinaire du foyer à

charbon. Il est très-important, à notre avis, d'envisager le problème sous cette double face, car il est utile de pouvoir remplacer un système par l'autre dans la navigation transocéanique. L'Europe n'est pas très-riche en huiles minérales, et pour répondre aux règles de l'économie, qui est la base des opérations industrielles, il faut que les vaisseaux qui entreprennent le voyage de l'Amérique du Nord puissent brûler du charbon à l'aller et du pétrole au retour. On ne doit pas oublier, en effet, que l'huile minérale, qui coûte 7 fr. 50 par 100 kilogrammes dans *Oil-Creek*, vaut au moins 52 francs au Havre.

Un avenir immense s'ouvre à la navigation à vapeur par l'emploi du pétrole et ressort d'une curieuse observation de M. Deville. — On sait que la combustion des corps hydrogénés produit de l'eau, que le gaz de l'éclairage, par exemple, en brûlant, fournit une certaine quantité d'humidité à l'atmosphère des salles qu'il éclaire. — Eh bien ! en brûlant l'huile minérale dans le foyer d'un navire, on produit, par synthèse, de l'eau, qu'il est possible de recueillir et de condenser. Cette eau ainsi générée est pure, exempte de tout corps minéral ; il est possible de l'employer pour alimenter la chaudière à vapeur, sans qu'elle dépose, par son évaporation, des matières salines qui forment des incrustations embarrassantes ou dangereuses. Il y a là un nouvel horizon qui s'ouvre à la mécanique et qu'il est permis d'atteindre dans un temps peu éloigné, car des expériences, déjà exécutées à bord du *Puebla*, à Boulogne, ont donné les plus belles espérances. — Ces essais ont encore fourni d'autres faits inattendus, bien propres à intéresser la marine ; ils ont montré que les cales des navires pourraient être maintenues fraîches, tandis qu'elles peuvent être assimilées aujourd'hui à de véritables étuves, où les mécaniciens étouffent ; en outre, ils ont prouvé qu'il était possible de supprimer le tuyau de cheminée, qui se dresse au-dessus du pont du navire, et que, par le nouveau système de chauffage où l'on emploie l'air comprimé, il est possible de faire déboucher ce tuyau dans l'eau elle-même. — Mais alors, si la cheminée peut impunément communiquer avec la mer, si la cale du navire n'est plus portée à une haute température, n'est-on pas en droit d'attendre la création presque complète de ce monstre, qui s'est déjà fait voir de l'autre côté de l'Océan, et que l'on nomme le vaisseau sous-marin, terrible scaphandre qui, plongé dans les profondeurs de la mer, fendra l'élément liquide, et qui, à l'instar des cétacés, se cachera sous la vague quand l'ouragan et la tempête seront déchaînés à la surface des flots ?

CHAPITRE XVI

LE PRÉSENT ET L'AVENIR

La houille transformée en or. — La métallurgie. — Le charbon fossile, les chemins de fer et les bateaux à vapeur. — L'éloquence de la statistique. — Épuisement de nos mines de houille. — Que feront nos descendants ?

Nous avons vu que la production annuelle de la houille, dans le monde entier, pouvait s'évaluer à 200 millions de tonnes. Que ne produisent pas ces 200 millions de tonnes en chaleur, c'est-à-dire en force motrice; en gaz de l'éclairage, c'est-à-dire en lumière, en sels ammoniacaux et en matières d'une valeur considérable? Ces 200 millions de tonnes de houille produisent 6 millions de tonnes de goudron de houille; ce seul résidu pourrait servir à fabriquer 600,000 kilogrammes de violet ou d'aniline, représentant une somme de 30 millions de francs. N'est-il pas permis de dire que l'industrie transforme la houille en espèces sonnantes, et qu'elle la métamorphose en richesses inestimables?

La vapeur est aujourd'hui la principale source

de travail de la civilisation ; or la houille est le combustible qui, au plus bas prix de revient, donne la plus grande quantité de vapeur. — Chaque jour augmente le nombre des machines animées par le charbon de terre, chaque jour donc aussi s'accroît l'importance du noir minéral. En 1850, il y avait en France 6,832 machines ; en 1863, le nombre s'en élevait à 22,516, représentant une force de 617,820 chevaux-vapeur, ou de 1,853,670 chevaux de trait, ou encore de 12,975,690 hommes de peine, c'est-à-dire supérieure à celle de tous les hommes en état de travailler, qui existent dans le pays[1] !

Le charbon fossile fait la force des nations puisqu'il est la base de la métallurgie sans laquelle il n'est pas possible de mettre au jour des outils, des machines ou des armes. Dans la guerre meurtrière d'Amérique, dont on a pu suivre pas à pas toutes les péripéties, si le Nord a triomphé du Sud, c'est que le Nord a la houille et les forges, qui lui ont assuré sa prépondérance sur une nation presque exclusivement agricole. Le matériel perfectionné des forges de la Prusse a également assuré à ce pays des victoires faciles contre le Danemark et contre l'Autriche.

Sans houille, il n'y a pas de fer, car c'est le charbon qui réduit le minerai dans le haut four-

---

[1] Rapport de M. Armand Béhic à l'Empereur.

neau ; or, sans fer il n'y a pas de grande nation. Le
fer, c'est la locomotive, c'est le rail où elle glisse,
c'est la machine qui agit dans les manufactures.

D'après les derniers recensements du ministère
des travaux publics, la France compte aujourd'hui
22,000 kilomètres de chemin de fer ; les 4,500 locomotives qui y circulent nuit et jour se nourrissent, en vingt-quatre heures, de près de 4,000
tonnes de houille, coke ou agglomérés ! C'est une
consommation annuelle de plus de 1 million de
tonnes, qui est appelée à progresser de jour en
jour ! Ces rails de fer, ces locomotives, n'ont pu
être produites qu'avec le concours de la houille
elle-même, qui a réduit le minerai de fer dans le
haut fourneau. A quels chiffres fabuleux n'arrive-
rait-on pas, si on calculait le poids de charbon de
terre qui a servi à fabriquer tout le matériel de fer
des chemins de fer du monde entier.

Sur les continents, la prospérité et la richesse
dues à la houille sont prodigieuses ; au milieu des
mers, elles ne sont pas moins étonnantes. Le noir
combustible anime le bateau à vapeur et sert à fabriquer ses cuirasses de fer, ses machines et ses
éperons d'acier.

La marine militaire exige un approvisionnement
annuel de 160,000 tonnes de houilles françaises,
Nos ports de la Manche et de l'Océan s'emplissent
chaque jour de plus nombreux bateaux à vapeur,
qui concourent aux besoins du commerce, et qui

achètent à l'Angleterre plus de 1 million de tonnes de houille par an.

« Les coques en tôle, dont l'usage se répand chaque jour, subordonnent encore la navigation aux industries minières et métallurgiques. La coque du *Great-Eastern* pèse 10,000 tonnes de tôle en fer, et représente une consommation de 60,000 tonnes de houille. Un vaisseau de guerre est aujourd'hui pourvu d'une machine de 800 à 1,000 chevaux, d'une cuirasse en fer forgé de 10 à 14 centimètres d'épaisseur, de 30 à 40 gros canons, en fonte ou en acier, d'un éperon de 15 à 20 tonnes. Ce vaisseau a exigé 25 à 30,000 tonnes de houille pour sa construction ; il consomme, en marche, 60 à 70 tonnes par jour. Sa création et sa marche exigent des quantités de houille considérable, et son action, lorsqu'il lance autour de lui ses énormes projectiles, se formule encore par une nouvelle consommation [1]. »

Toute machine de fer est produite par la houille et se nourrit de houille ; pour faire comprendre la véritable puissance industrielle du charbon fossile, quel plus bel exemple à trouver que cette étonnante machine du *Great-Eastern*, un des prodiges de la mécanique moderne ! Les deux arbres des roues à aube de ce navire formidable sont composés chacun d'un seul morceau de fer forgé qui

---

[1] Amédée Burat, *les Houillères de France.*

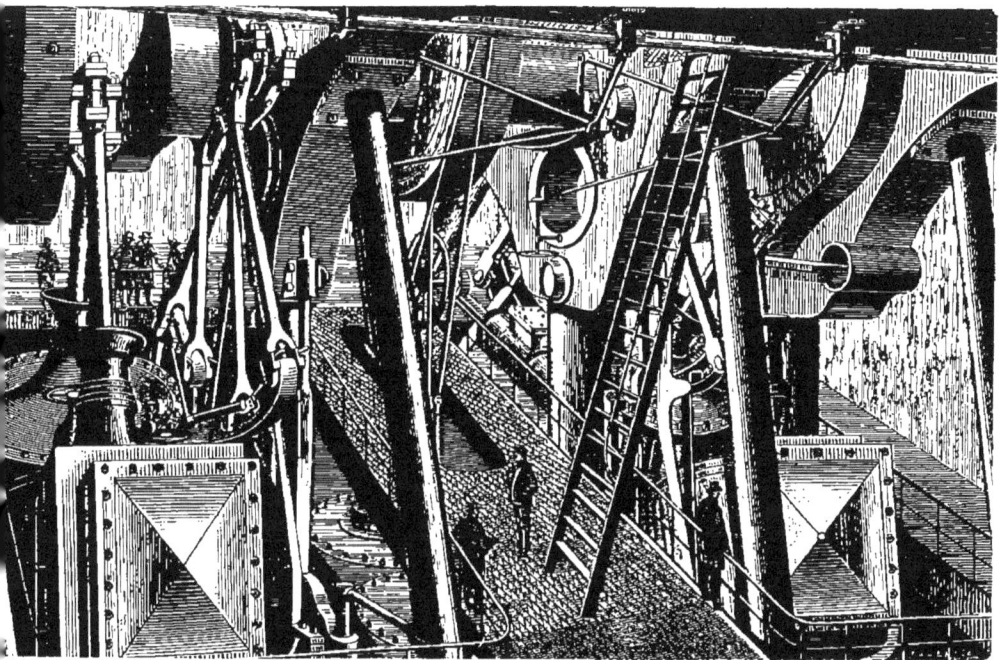

Fig. 66. — La machine du *Great-Eastern*.

pèse 11,000 kilogrammes ! Chacun des quatre
cylindres pèse 36,000 kilogrammes, en y compre-
nant toutes les pièces qui s'y rattachent. Dans la
figure 66, nous avons placé le spectateur sur le
banc de quart d'un officier mécanicien ; il peut
voir en mouvement les quatre machines destinées
à faire fonctionner les roues à aube. Les cylindres
gigantesques de ces machines ont presque deux
mètres de diamètre, et le nombre des coups de
piston est de quatorze par minute. En poussant la
vapeur, on arrive à donner à ces organes une force
de 500 chevaux. Quel spectacle merveilleux que
de voir fonctionner ces pièces énormes au milieu
de l'Océan ! quelle puissance et quelle grandeur
dans ce mécanisme !... Tout cela doit sa force à la
houille, et a été produit par la houille !

Cessant de diriger nos regards sur ces grandes
industries, nous voyons toutes les manufactures
exiger des machines et, par conséquent de la
houille; nous voyons l'éclairage et le chauffage en
consommer des quantités toujours croissantes.

PRODUCTION DES HOUILLÈRES FRANÇAISES

En 1789	250.000 tonnes.
En 1815	950.000 —
En 1830	1.800.000 —
En 1843	3.700.000 —
En 1857	7.900.000 —
En 1866	13.000.000 —

Nous avons dit que Paris compte quatorze usines

à gaz, qui rapportent à la compagnie parisienne
d'immenses bénéfices, dus à plus de 80,000 abon-
nés ! Londres a fait construire, à son usage, dix-
huit usines, qui emploient 15,000 ouvriers. Le
capital de ces usines s'élève à 70 millions de francs
et donne un bénéfice annuel de 11 millions ! Nous
avons vu que Paris consommait environ par an
50 milliards de litres de gaz, qui circulent dans
500 kilomètres de tuyaux, et qui se produisent par
500 millions de kilogrammes de houille !

Si l'on admet (ce qui n'est pas loin de la vérité)
que la production du gaz, dans toute la France,
égale seulement celle de Paris, si l'on fait un calcul
analogue pour les villes de l'Angleterre par rapport à Londres, on arrive à voir que l'industrie du
gaz donne à ceux qui l'exploitent un bénéfice annuel de 66 millions !

La tonne de houille vaut 8 à 10 francs et, par
conséquent, la valeur des 172 millions de tonnes
extraites annuellement du monde entier représente
une somme de UN MILLIARD CINQ CENTS MILLIONS DE
FRANCS. La valeur des métaux précieux et des
pierres rares arrachées chaque année aux entrailles
de la terre ne représente pas la moitié de cette
somme. N'est-ce pas avec raison que nos voisins
d'outre Manche appellent la houille le DIAMANT
NOIR ?

Puisque nous sommes au milieu des chiffres

qui, soit dit en passant, ont leur éloquence, il est
intéressant de voir quel est le nombre d'ouvriers employés à produire l'énorme quantité de houille que
l'industrie consomme dans le monde entier. Ce
nombre paraît atteindre, dans la Grande-Bretagne,
850,000 ; la France et la Belgique emploient
120,000 mineurs, qui extraient sans relâche la
houille des profondeurs du sol ; la Prusse, 80,000.
En additionnant le nombre de bras employés à cet
usage dans tous les autres pays, on arrive au chiffre
de 700,000 mineurs. C'est juste le nombre de com-
battants que les peuples mettent parfois en présence ; mais quelle comparaison possible entre
l'armée de la paix et l'armée de la guerre? L'une
manie les armes de dévastation, tandis que l'autre
n'a pour outils que le pic et la pioche, aussi utiles
aux sociétés que la charrue de l'agriculteur !

Tous ces soldats du monde souterrain vivent
heureux et prospères, et c'est la houille qui leur
fournit le travail et l'argent ! Des millions ne suf-
firaient pas pour entretenir cette vaste armée de
travailleurs !

Nous avons dit que la houille était le pain de
l'industrie. Si abondants que soient les gisements
du noir combustible, si profonds qu'en soient les
amas, n'arriveront-ils pas un jour à s'épuiser?
Quelle source est intarissable! Force motrice,
richesses et fécondité sont-elles donc appelées à

disparaître quand les houillères seront à sec? L'industrie périra-t-elle quand elle aura perdu son aliment quotidien? N'y a-t-il pas lieu de s'inquiéter de la destinée que l'avenir réserve à nos descendants? Faut-il craindre que l'activité humaine s'éteigne un jour faute du noir combustible?

La durée de l'exploitation des houillères, que les géologues avaient d'abord fixée à plusieurs milliers d'années, ne dépassera pas peut-être trois ou quatre siècles.

Il a été démontré par des statistiques officielles que la consommation de la houille, dans un pays civilisé, double tous les quinze ans, et cette loi de progression ne s'est jamais démentie en France, comme le prouvent les chiffres suivants, que nous empruntons à M. A. Burat :

Années.	Chiffres de l'extraction en quintaux.
1815.	9.500.000
1830.	18.000.000
1845.	37.000.000
1859.	75.000.000

Le même phénomène économique est constaté dans les autres centres de production ; la Belgique produisait 36 millions de quintaux de houille, en 1845, et 75, c'est-à-dire un peu plus du double, quinze ans après, en 1860. Il est probable que dans la suite des siècles, cette progression ira encore en croissant sensiblement, mais supposons qu'elle se maintienne constante; recherchons, d'autre part, aussi exactement qu'il est possible de le faire, le poids total de houille qui existe dans le monde entier, et nous aurons les données propres à résoudre ce problème. — Quand les houillères seront-elles épuisées? D'après les calculs de nos plus éminents géologues, « la durée de l'exploitation des houillères, que les géologues, on le sait, avaient d'abord fixée à des milliers d'années pour des productions qui n'étaient pas le quart de celles dont il s'agit aujourd'hui, ne dépassera peut-être pas cinq ou six cents ans. On peut même affirmer hautement que dans des pays incessamment fouillés, comme la France, la Belgique, l'Angleterre, la Prusse, l'extraction souterraine du combustible minéral n'ira certainement pas jusqu'à la moitié de cette durée. Ainsi, en septembre 1863, sir William Armstrong, président annuel de l'*Association britannique*, prononçant à l'hôtel de ville de Newcastle le discours d'inauguration des séances de cette société, démontrait que dans deux siècles toutes les couches de houille du Royaume-Uni seraient entièrement épuisées. Sir Roderick Murchison, présidant à son tour l'association, et rappelant cette année les calculs de son prédécesseur, en a confirmé les résultats.

« Tout au plus pourrait-on porter ce chiffre au double ou au triple pour des États comme l'Amérique du Nord, où d'immenses gisements restent

presque encore vierges. En Afrique, le combustible
minéral est loin d'être abondamment répandu,
hormis sur la côte ouest de la grande île de Madagascar. Dans l'Inde, la Birmanie, la Chine, le Japon, l'Australie, la Nouvelle-Zélande, la Nouvelle-
Calédonie, le Chili, où il a été également découvert,
souvent sur une très-longue étendue, il ne pourra
jamais suffire, sauf des cas tout exceptionnels,
qu'aux consommations locales. D'ailleurs la houille,
du moins quand on veut l'appliquer aux grandes
opérations industrielles, n'est pas matière de si
grand prix qu'elle puisse supporter de très-longs
transports, même par mer.

« Faut-il admettre que le chiffre de la consommation, dans la plupart des États européens, finira par
diminuer quelque jour, quand tous les réseaux de
chemins de fer, partout achevés, exigeront la fer-
meture de quelques-unes de nos usines sidérurgi-
ques, quand on aura suppléé par une autre matière
au charbon minéral pour la fabrication du gaz
d'éclairage ? Mais cette diminution dans la consommation ne peut être bien notable, et le surplus du
combustible exigé par le plus grand nombre de locomotives et de bateaux à vapeur ne viendra-t-il
pas détruire en partie d'un côté l'économie produite de l'autre ? Qu'on ne parle pas d'ailleurs du
reboisement des forêts, ni du combustible végétal
pour remplacer un jour la houille, comme celle-ci
avait remplacé le bois. Le monde ne recule pas.

Peut-être suppléera-t-on dans quelques cas à la houille par le pétrole, dont on a découvert de si vastes gisements aux États-Unis. Cette matière ne sera jamais néanmoins aussi abondante que le charbon, et l'extraction n'en sera pas non plus d'aussi longue durée[1]. »

La question est menaçante, sinon pour la génération actuelle, du moins pour les peuples futurs ; elle excite, au plus haut point, l'intérêt de l'Angleterre et de la Belgique, qui interrogent avec inquiétude leurs amas de charbon fossile. Ces pays commencent à les exploiter avec économie pour mourir le plus tard possible. Ils utilisent des houilles médiocres qu'on rejetait autrefois ; ils organisent des mécanismes ingénieux et économiques pour rendre le prix de revient minimum ; ils cherchent les moyens de pénétrer dans les plus grandes profondeurs des houillères pour ne rien perdre, pour tout utiliser. Mais tous ces perfectionnements n'empêcheront pas le charbon fossile de disparaître un jour et de retourner dans l'air, sa source première, à l'état d'acide carbonique ; les mines de houille, qu'on ne connaît pas encore, les gîtes de pétrole, si puissants qu'ils soient, disparaîtront, et on est en droit de se demander ce que deviendra l'homme au moment de la fatale échéance. Pour notre part, nous ne croyons pas

---

[1] *Revue des Deux Mondes*. L. Simonin.

qu'il y ait lieu de s'inquiéter pour l'avenir, car l'homme, continuant à marcher dans la voie du progrès, saura certainement se passer, sans déchoir, de son combustible actuel. Nul doute que quand l'heure funeste aura sonné, quelque génie, sortant des rangs, saura féconder le champ des grandes découvertes, et que les forces naturelles, habilement mises à profit, remplaceront la force motrice que nous puisons dans le charbon de terre.

Qui nous dit que la machine à vapeur est le dernier mot de la science, et qu'elle ne peut pas être remplacée par d'autres moteurs? Le soleil ne lance-t-il pas jusqu'à nous des rayons caloriques, qui peuvent faire mouvoir les pistons des machines à vapeurs futures? La mer, sur nos côtes, n'est-elle pas chaque jour soumise au mouvement des marées, et l'oscillation successive de ses flots n'est-elle pas une force prodigieuse, constante, régulière, que l'homme peut utiliser? S'il est vrai qu'un feu central perpétuel brûle sous l'épiderme de notre globe, ne peut-il pas devenir un jour l'unique foyer de toutes les machines? L'air n'est-il pas sans cesse en mouvement au-dessus de nos têtes, et le vent n'a-t-il pas encore une force motrice puissante, toujours prête à agir comme un ressort tendu?

Si on avait dit, il y a un siècle, qu'un jour viendrait où des fils plongés dans l'Océan seraient

comme les fibres nerveuses des continents, à l'aide
desquelles ils échangeraient leurs pensées; si on
avait affirmé que l'homme, comme l'oiseau,
s'élèverait dans les airs, et qu'avec la rapidité
du cerf il courrait sur des voies ferrées; si on
avait prétendu que le chirurgien couperait un
jour les jambes sans que le patient s'en doutât,
celui qui aurait annoncé ces prodiges aurait passé
pour fou et on se serait mis à plaindre l'insensé
dont la raison s'égarait à ce point. Eh bien! si
aujourd'hui quelque esprit perspicace mettait sous
nos yeux les inventions de nos petits-fils, quand
ils manqueront de houille, s'il nous faisait voir
les découvertes de leur industrie future, peut-être
ne pourrions-nous pas nous empêcher de sourire
à l'énumération des merveilles qu'il nous mon-
trerait, et nous n'ajouterions pas plus créance
à ses affirmations qu'à celles du fantastique Mi-
cromégas, quand il promet aux hommes qu'il
rencontre de leur apprendre ce qu'est leur âme.
Nous ne manquerions pas de dire que la réalisation de tels prodiges n'est pas possible, et nous
tomberions dans la faute d'Arago, qui niait les
chemins de fer, et dans l'imprudence de Napoléon,
qui condamnait les bateaux à vapeur. Au lieu de
railler avec incrédulité, il serait plus sage de se
rappeler que le mot *impossible*, qui a déjà passé
pour n'être pas français, doit être banni du lan-
gage de l'industrie, que l'erreur d'aujourd'hui peut

quelquefois devenir la vérité de demain ; que la
science a souvent transformé le rêve en réalité, le
paradoxe en fait, le prodige en banalité, l'utopie
en axiome, et qu'il se pourrait bien que nos machines à vapeur et nos télégraphes devinssent,
dans quelques siècles, des objets de curiosité,
des échantillons de musée, qu'on reléguerait dans
les collections comme une preuve de notre im-
puissance.

FIN

TABLE DES FIGURES

TABLE DES MATIÈRES

I

LES FORÊTS ANTÉDILUVIENNES

II

LES GISEMENTS

III

LE TRAVAIL SOUTERRAIN

ERRATUM

Page 64, *au lieu de :* enflammer le liquide explosif,
lisez : enflammer le mélange explosif.

PARIS. — IMP. SIMON RAÇON ET COMP., RUE D'ERFURTH, 1.